自然图解系列丛书

多姿的植物王国

自然图解系列丛书

多姿的植物王国

[西] 卡门 · 马图尔 · 埃尔南德斯　著
张迪昕　译

中国科学技术出版社
·北　京·

图书在版编目（CIP）数据

多姿的植物王国 /（西）卡门·马图尔·埃尔南德斯著；张迪昕译. —北京：中国科学技术出版社，2023.4

（自然图解系列丛书）

ISBN 978-7-5236-0144-0

Ⅰ. ①多… Ⅱ. ①卡… ②张… Ⅲ. ①植物—青少年读物 Ⅳ. ①Q94-49

中国国家版本馆 CIP 数据核字（2023）第 051730 号

著作权合同登记号：01-2022-6059

策划编辑	王轶杰
责任编辑	王轶杰
封面设计	锋尚设计
正文排版	锋尚设计
责任校对	焦　宁
责任印制	李晓霖

出　　版	中国科学技术出版社
发　　行	中国科学技术出版社有限公司发行部
地　　址	北京市海淀区中关村南大街 16 号
邮　　编	100081
发行电话	010-62173865
传　　真	010-62173081
网　　址	http://www.cspbooks.com.cn

开　　本	889mm × 1194mm　1/16
字　　数	268 千字
印　　张	10
版　　次	2023 年 6 月第 1 版
印　　次	2023 年 6 月第 1 次印刷
印　　刷	北京瑞禾彩色印刷有限公司
书　　号	ISBN 978-7-5236-0144-0 / Q · 245
定　　价	128.00 元

（凡购买本社图书，如有缺页、倒页、脱页者，本社发行部负责调换）

目录

前言

植物被认为是自然界的基本生物。因为它是唯一能够将地球提供给我们的无机元素进行转化的生物。这种转化使得无机元素变成可以被其他生物吸收的有机元素。所以，地球上的人类和动物的生命完全依赖于植物的存在。植物构成了食物链的基础环节。具体来说，食草动物从植物中获取能量，而食肉动物以食草动物为食。

除了作为动物的主要食物来源，植物还可以通过光合作用使氧气得以在大气中循环，发挥着重要的作用。人类、其他动物和植物，都需要用于呼吸的氧气。

除了与生态相关，植物在农业、工业和食品方面对人类而言也有很高的实用价值。

为了更好地保护植物这一宝贵的自然资源，人们须了解它们，这也正是本书的创作初衷。我们所有的人都明白，大自然并非我们所拥有的物品，而是我们必须好好维护的资产。植物是地球的重要组成部分。我们希望通过丰富对植物的认识来增进我们对植物的关爱与尊重。植物是地球为我们提供的最重要的财富之一。

什么是植物?

大体上来说，植物是一种生物，可以通过所谓“光合作用”的过程从外界和大气里的氧气中汲取所需要的物质，为自己生产食物。此外，植物通过蒸腾作用来消除在环境中获取的多余的水分。这种蒸腾过程也是光合作用所必需的。植物的细胞被厚度不一的细胞壁所包围，主要由纤维素构成。此外，植物的另一大特点在于无法移动。

如何使用这本书?

早在古希腊时期，人们已经开始用“植物”一词来将其与动物区分开来。从那时起，植物的含义及其分类（或物种分类）都发生了许多变化。

传统上来说，所有无法自行移动的生物体，即所有非动物的生物体，都被认为是植物。这一概念几乎一直沿用至今。现在普遍采用的是基于动植物演化史或进化关系的分类方法。尽管如此，随着研究和分析方法的不断改进优化，这种分类法也在不断地进行修订。

因此，为了避免读者感到困惑或使本书复杂化，在每一页书上，都已经把相关的物种按照分类学进行了归类。首先对每个物种的一般特征进行简要解释；然后，展示了部分较为独特的物种的图像，并附上这些物种的俗称、生物学名称和起源。个别情况下，当一个目中包含太多代表性物种时，比如壳斗目，这一类别中包含了圣栎树、栎木、山毛榉、栗树、榛树和桦树，鉴于这种情况，我们选择了按科进行分类，遵循前述说明和图片中详细叙述的方案。从这本书的总体思路上来说，它并不是一本复杂烦琐的植物分类学的详尽研究报告。下一页中附上了一张本书所展示的所有物种的构成图。

保护状态

每年都有许多种类的植物从地球上消失。人类至今尚未学会与自然环境和谐共处，始终没有意识到在逐渐破坏自然环境的同时，也是在损害人类自身。大自然建立了一种微妙的平衡。这也是为什么人们必须保护大自然这个整体及整体中的每一个环节，包括动物、动物赖以生存的植物、植物赖以生存的地质层以及所有的自然现象。正是所有这一切构成了大自然这个整体。因此，本书根据世界自然保护联盟（IUCN）的相关规定，将表示保护状况的缩写已酌情放在所有植物的通用名称旁。如果没有出现缩写，则说明该植物目前尚无风险。值得注意的是，世界自然保护联盟每年都会公布一份濒危植物名单。每一年这份名单上每个物种的保护状况都可能与前一年有所不同。濒危情况的缩写及其含义如下：

Pm **无危**
cA **低危**
A **易危**
Ep **濒危**
Cr **极危**
Ex **野生灭绝**

植物主要分类

导管植物或维管束植物

1. 分类：种子植物（有花和种子的植物）

A. 门：被子植物（有花且果实中有种子的植物）

纲：双子叶植物纲
目：壳斗目（圣栎木、山毛榉、栗树、欧洲白桦和榛树）
无患子目（枫树、臭椿、腰果）
木兰目（木兰）
荨麻目（榆树、无花果树）
鼠李目（滨枣、意大利鼠李）
蔷薇目（玫瑰、梨子）
唇形目（橄榄树、白蜡树和茉莉花）
樟目（月桂）
豆目（金合欢、豆科植物、园艺植物）
杜鹃花目（石楠花、杜鹃花、草莓树）
锦葵目（岩蔷薇、锦葵）
仙人掌目（仙人掌、多肉植物，园艺植物）
金虎尾目（一品红、柳树和蓖麻）
川续断目（蓟草、金银花）
睡莲目（睡莲、白睡莲）
虎耳草目（牡丹）
菊目（菊花、向日葵）
猪笼草目（猪笼草、茅膏菜和瓶子草）
罂粟目（虞美人）
茄目（钟状花、矮牵牛、烟草、莨菪、园艺植物）
十字花目（旱金莲、银扇草、园艺植物）
葫芦目（园艺植物）
伞形目（园艺植物、毒芹）
龙胆目（夹竹桃）
毛茛目（乌头）
纲：单子叶植物
目：棕榈目
禾本目（芦苇、灯芯草）
姜目（香蕉树）
鸭跖草目（水浮莲）
天门冬目（兰花、鸢尾花、剑兰、木薯、龙舌兰、芦荟、园艺植物）
百合目（百合、郁金香）
天南星目（斑叶阿若母、马蹄莲和蒟蒻）

B. 门：裸子植物门（有花和裸露的种子的植物）

纲：球果纲
目：松目（松树、云杉、冷杉、雪松、落叶松）
南美杉（南洋杉）
柏目（柏树、紫杉、红木、红杉）
纲：银杏纲
目：银杏目
纲：苏铁纲
目：苏铁目（苏铁）
纲：买麻藤纲
目：麻黄目
买麻藤目
百岁兰目

2. 分类：蕨类植物（蕨类和石生植物）

纲：松叶蕨纲
目：松叶蕨目
纲：石松纲
目：石松目
卷目
纲：水韭纲
目：水韭目
纲：木贼纲
目：木贼目
纲：原囊蕨纲
目：瓶尔小草目
合囊蕨目
纲：原始薄囊蕨纲
目：紫萁目
纲：薄囊蕨纲
目：水龙骨目
苹目
槐叶苹目

苔藓植物

1. 纲：真藓纲（真藓）
2. 纲：苔纲（地钱）
3. 纲：角苔纲（角苔）
4. 纲：藻苔纲（藻苔）

藻类植物

门：蓝藻门
红藻门
绿藻门
裸藻门
甲藻门
金藻门
硅藻门
褐藻门
黄藻门
定鞭藻门

种子植物

种子植物或显花植物是具有真根、茎和叶的植物。这种植物内部有发达的维管组织，有花和种子；种子正是有性繁殖的成果。

特点

- 花朵是有性生殖的器官。它可以是单性的（有雄性或雌性的生殖器官）或雌雄同体的（同时拥有雄性和雌性的生殖器官）。
- 产生授粉现象，即通过外部手段将花粉运送到雌性生殖器官。
- 受精后，会产生一颗种子。种子内有胚胎，植物的其他部分将由这个胚胎孕育产生。同时，胚胎通常会被营养组织所围绕。在早期阶段，胚胎以这些营养组织为食，并被一系列保护性被膜包裹。
- 当种子抵达适合发芽的土壤后会开始吸水并膨胀，从而冲破保护胚胎的所有包裹物。随后，胚胎被释放并开始发育。先长出一个根茎，从而把胚胎固定在土壤里，接着长出一个茎，从土壤表面逐渐长高，长出第一片叶子或子叶。这些叶子或子叶都带有营养成分，当这些养分耗尽时，它们会脱落。

种子植物的主要分类

被子植物

雌性配子或胚珠由构造特殊的叶片保护。

- 双子叶植物
- 单子叶植物

裸子植物

雌性配子或胚珠不受特殊结构的保护。

根部

根部的任务是把植物固定在土壤上，并且吸收和运输植物营养所需要的水和矿物盐。

根的主要形态

典型根（直根系）

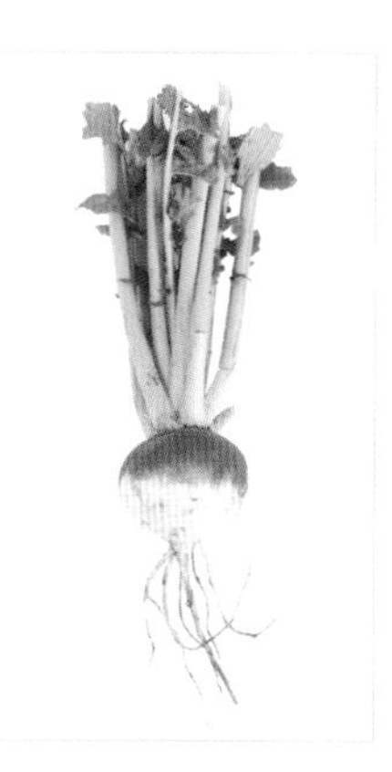

菁根（变态根系）

簇生根（须根系）

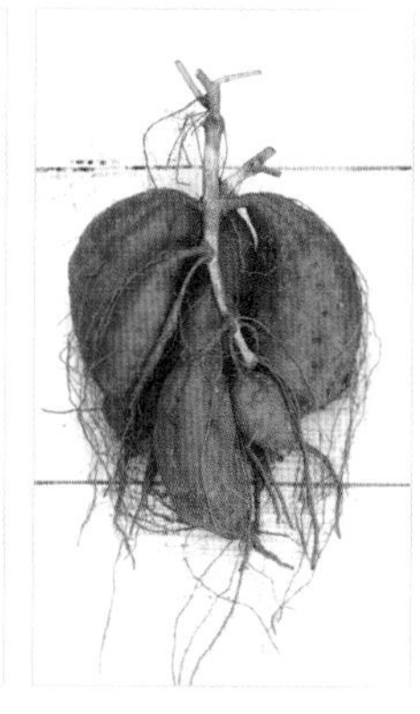

块菌根（直根系）

分叉根（直根系）

茎

茎是指从地面向上生长，一般情况下呈细长状的植物器官。它的任务是支撑叶片和芽，使之能产生侧枝。

茎的类型

- 根据结构的不同，茎可分为草质茎和木质茎。

- 根据适应性，茎可分为气生茎（左）和肉质茎（右）。

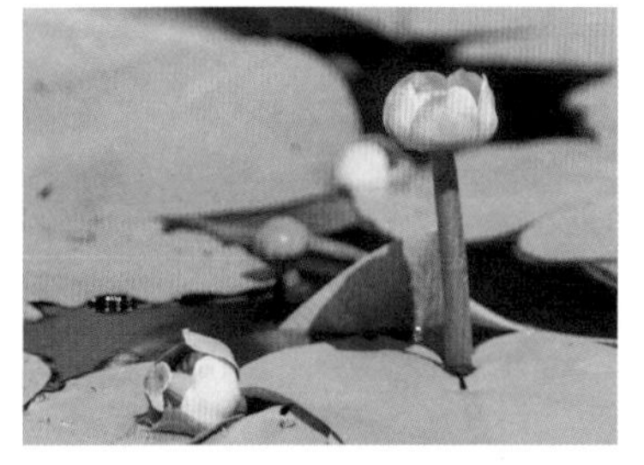

- 根据生长情况，茎可分为匍匐茎和攀缘茎。

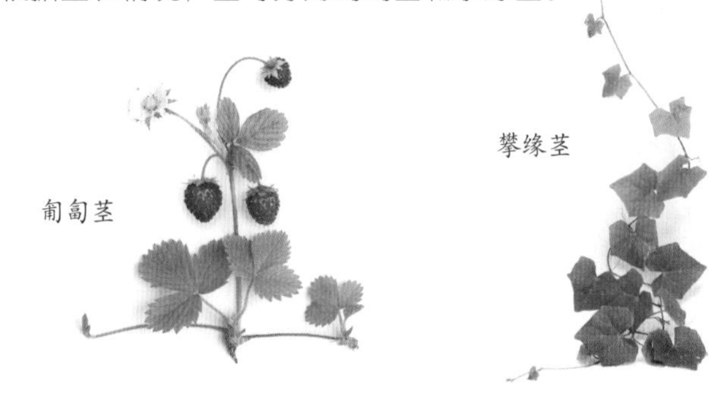

- 根据地下结构，茎可分为根茎、块茎、球茎。

叶子

叶子是负责获取营养的器官，因为叶子里面有叶绿素，叶绿素在阳光的帮助之下可以发挥作用。植物在叶绿素的帮助下将从土壤中吸收的物质转化为可以被植物吸收的物质。除此之外，叶子也有其他功能，比如呼吸作用和蒸腾作用。

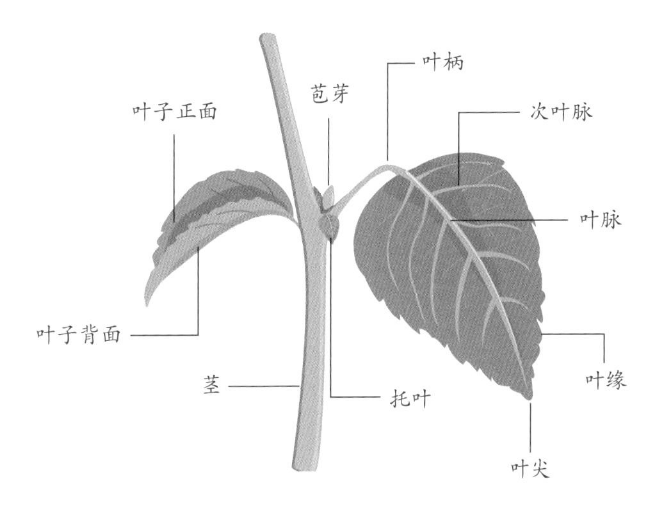

上图展示了一片标准的叶子的不同组成部分。

叶子的形态多种多样，因此需要根据不同的标准进行分类。

- 根据有无叶柄，叶子可分为有柄叶和无柄叶。
- 根据叶片的数量，叶子可分为单叶和复叶。
- 根据叶缘的形状，叶子可分为全缘叶（叶缘光滑）、齿状叶（叶缘有小齿）、锯齿叶（叶缘有锯状斜齿）、钝锯齿叶（锯齿呈钝圆形）、深裂叶和浅裂叶等。
- 根据叶脉的形状，叶子可分为网状脉叶（主叶脉和次叶脉从叶基中分离出来）、叉状脉叶（几个主叶脉从叶柄分离出来）和平行脉叶（几个主叶脉沿着叶面生长）。
- 根据叶片的形状，叶子可分为椭圆形叶、卵形叶、披针形叶（叶片呈枪锋形）、箭头形叶、针形叶、带形叶（叶片非常细长和狭窄）、心形叶和圆形叶等。
- 根据叶子在茎上的排列方式，叶子可分为包叶（叶子抱着茎）、交替叶（叶子在茎的两侧交替出现）、对生叶（两片叶子在同一节点产生，生长方向相对）、轮生叶（几片叶子从茎的同一节点产生）和合生叶（一对叶片相对着生长）。

此外，叶子展现出了极强的适应性，这种适应性甚至可以改变其整体外观。主要分为以下几种情况：

- 刺，这种叶子是生活在干燥环境中的植物所独有的。它的目的是减少叶子暴露在阳光下的表面积，从而减少水分蒸发量。最典型的例子就是仙人掌。

- 卷须，这种叶子是一种长的、可卷曲的结构。可以是单一结构，也可以有许多分支。卷须的目的是帮助植物固定在一个支撑物上。比如豌豆。

- 肉质叶，这种叶子增加了叶片中储存水分的组织。具有这种类型的叶子的植物一般被称为多肉植物或肉质植物。

花

花是种子植物的生殖器官。这些花可能是雄性的、雌性的或雌雄同体的，这取决于它们是只带有雄蕊、雌蕊或兼具雄蕊和雌蕊。

如果雄蕊和雌蕊出现在同一株植物上，该植物被称为雌雄同株；如果它们出现在不同的植物上，该物种被称为雌雄异株。

构成种子植物的两组植物（被子植物和裸子植物）的花的特点各有不同，本书将在不同的章节中分别讲解它们的特征。

授粉

授粉是把花粉从雄蕊输送到雌蕊的运输机制。授粉一般是通过以下的方法之一进行：

嗜虫性授粉

- 通过昆虫（嗜虫性授粉）。如果这个授粉过程是由鞘翅目动物完成，那么由于这种昆虫的嗅觉比视觉更发达，因此花朵的颜色通常都不太显眼，但它们可以散发出极具吸引力的水果香味、香料味或腐肉味。

当授粉的过程由蜜蜂完成时，花朵通常有着色泽艳丽的花瓣，并会分泌一种含有糖分的液体（花蜜），蜜蜂正是以此为食。当蜜蜂觅食的时候，花粉粒会附着在它身体的毛发上，在它飞往下一朵花儿时，花粉随之落入其中并等待再次“载满飞行”。

蝴蝶也可以进行嗜虫性授粉，其过程与蜜蜂的授粉过程非常相似。一般来说，颜色艳丽且散发香甜气息的花朵通常由惯于白天活动的蝴蝶授粉。而白色或浅色且在日落后散发出极浓烈香味的花朵则通常是由飞蛾授粉。

- 通过鸟（鸟类授粉）。这类花朵的颜色通常很鲜艳，且有丰富的花蜜。但是这类花朵几乎没有香味或香味非常微弱，因为鸟类的嗅觉都不是很发达。
- 通过蝙蝠（脊索动物授粉）。通过蝙蝠授粉的情况在热带植物中常见。这种花朵通常较大，有丰富的花蜜和浓烈的气味。
- 通过风（风媒授粉）。这类花一般都没有鲜艳的颜色或花蜜，也没有什么气味。但它们总是成簇地生长，产生大量的花粉。

风媒授粉

果实的散播

与花粉的传播一样，果实也可以通过多种方法散播。

- 通过风（风力散播）。通过风散播的果实通常质量都很轻，且有能帮助它们进行长距离飞行的翅膀或羽毛状的羽翼。属于这一类植物的有所谓的风滚草。也就是说，植物在结出果实的情况下被风吹走，在被吹走的过程中连续的摩擦和运动导致果实和种子脱落。比如，部分品种的蓟草。

- 通过水（水媒传播）。通过水散播的果实通常有海绵状结构或组织来帮助它们漂浮。例如，荷花和睡莲的果实。

- 通过动物（动物散播）。通过动物散播是肉质水果所独有的特点。

被子植物

世界上大部分的陆生植物物种都属于被子植物（目前超过25万种）。被子植物无论是在规模数量上还是在形态和生存方式上，都是一个非常多样化的群体。各种各样的被子植物都有一个共同的特点：或多或少都有较为鲜艳的花朵，果实包裹并保护着植物的种子。

花

花朵是被子植物的生殖器官。作为一个整体，它是由一系列从下到上、从外到内逐步成熟的部分组成的。

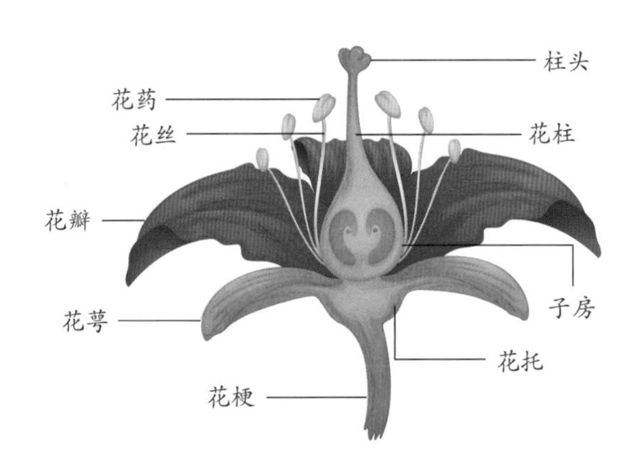

上图展示了一朵典型的花的不同部分。

- 花梗：花生长出来的柄。
- 花托或柱状花托：茎拓宽的部分，花是在花托之上形成的。
- 花萼：一般是绿色的叶状结构，呈包裹状态，被称为萼片。
- 花冠：一般颜色鲜艳，呈包裹状态，由一组类似花瓣的叶状结构形成。有时花瓣和萼片的颜色相同，结构也相同，被称为花被片。
- 雄蕊：雄性生殖器官。每一个雄蕊都是由花丝和花药组成。花药是包裹着花粉粒的变宽的部分。所有的雄蕊一起形成雄蕊群。
- 雌蕊：雌性生殖器官。它是一个瓶状结构，有一个宽阔的底部（子房），一个比较长的“颈部”（花柱）和一个平坦的顶端（柱头）。子房内有原基，以后可以形成种子。

花的种类

花可以根据其花冠或花萼的形状、对称性或子房在整朵花中的位置来分类。例如，根据花冠，它可以分为：

- 合瓣花冠，即花瓣完全或部分合拢。合瓣花冠可以是钟形、漏斗形，或为两瓣“嘴唇”（二唇的）等。

钟形（木本曼陀罗）

二唇形（迷迭香）

- 离瓣花冠，即花瓣是相对独立的。根据花冠形状，离瓣花冠可分为：十字形（交叉形）、蝶形（羊齿形）等。

交叉形（芝麻菜）

蝶形（豌豆花）

花序

花朵通常不是孤零零地生长在植物上，而是聚集在被称为简单花序的结构中。简单的花序可以聚集成复合花序。下面是一些花序的例子。

早熟禾或穗状花序（草类）

柔荑花序（橡木）

果实

受精后，花的部分通常会脱落，只剩下子房，果实在子房中孕育出来。果实的任务是保护种子并帮助种子扩散开来。

果实既可以是干的，也可以是肉质的，这取决于其结构，即果实是硬的或多浆汁的。干的果实，即坚果，可以开裂或不开裂，这取决于它们是否释放种子。

各种类型的肉质水果主要如下：

桃子（核果）

番茄（浆果）

香瓜（瓜类）

以下是部分类型的干果的例子：

榛子（不开裂的坚果）

豌豆（开裂的豆科植物）

罂粟（开裂的蒴果）

橡子（不开裂的槲果）

栖地

在提到被子植物时，多样性是关键词。被子植物既包含陆生物种又包含水生物种。这些物种的栖息地包括树林、灌木丛和草丛。这些栖息地几乎存在于地球上所有的地方，从森林到草原、沙漠、沼泽、海洋，甚至山地。只有在地球上最寒冷的地区，如苔原，被子植物才稀缺。

目前地球上三分之二的植物都属于被子植物。这种丰富的多样性，使得被子植物能够生活在森林、沙漠和水生环境等不同的栖息地里。

被子植物主要分类

被子植物根据种子子房最开始形成的第一片叶子或子叶的数量可大致分为两大类：双子叶植物（有两片子叶）和单子叶植物（只有一片子叶）。

双子叶植物主要纲目

伞形目（胡萝卜、楤木、人参），第104~105页
菊目（菊花），第60~61页
十字花目（十字花、木瓜、金莲花），第68~69页、104~105页
石竹目（九重葛、苋菜、仙人掌），第46~49、104~105页
葫芦目（南瓜、西瓜、香瓜、黄瓜），第104~105页
川续断目（刺菜蓟、金银花、缬草），第52~53页
杜鹃花目（欧石楠、杜鹃花、草莓树、山茶花），第40~41页
豆目（金合欢、豆科植物），第38~39页、104~105页
壳斗目（栗树、山毛榉、橡木、圣栎），第20~25页
龙胆目（茜草、咖啡、金鸡纳树）
牻牛儿苗目（天竺葵、酢浆草）
唇形目（橄榄树、马鞭草、刺槐），第32~35页
樟目（月桂），第36~37页
木兰目（木兰花、肉桂、肉豆蔻），第28~29页
金虎尾目（紫罗兰、西番莲、红树林），第50~51页
锦葵目（锦葵、岩蔷薇、簇花草），第44~45页
睡莲目（白睡莲、黄睡莲），第54~57页
罂粟目（罂粟花、紫堇），第64~65页
胡椒目（辣椒、胡椒、马兜铃）
白花丹目（白花丹）
蓼目（大黄、酸模、荞麦）
山龙眼目（山龙眼、悬铃木）
毛茛目（毛茛、小檗、肉豆蔻）
荨麻目（荨麻、榆树、无花果、桑树），第30~31页
蔷薇目（蔷薇、花楸、梨树），42~43页
无患子目（柑橘树、枫树、无患子、腰果树），第26~27页
虎耳草目（牡丹、虎耳兰、金缕梅），第58~59页
茄目（烟草、牵牛花、莨菪、番茄），第66~67、104~105页

单子叶植物主要纲目

泽泻目（斑叶阿若母、马蹄莲、波喜荡草），第100~103页
棕榈目（椰枣树），第72~75页
天门冬目（芦笋、兰花、龙树），第86~97页、104~105页
鸭跖草目（鸭跖草、水葫芦），第84~85页
薯蓣目（山药、甘薯）
百合目（百合、郁金香、风信子），第98~99页
露兜树目（露兜树）
禾本目（竹子、草、莎草），第76~79页
姜目（香蕉、竹芋、生姜），第80~83页

双子叶植物

双子叶植物包括除针叶树以外的所有乔木和灌木以及几乎所有一年生草本植物。在双子叶植物这一大类种，我们发现了具有代表性的物种：橡树、圣橡树、柳树、橄榄树、橘子树、梨树、玫瑰、一般豆科植物、迷迭香、薄荷、百里香、雏菊、向日葵和众多花园植物（如土豆）等。

特点

双子叶植物亚类的主要特征如下：

- 种子包含两片子叶，分别位于胚胎的两边。这些子叶在植物的早期发育阶段为其提供食物，通常在其营养储备耗尽时脱落。

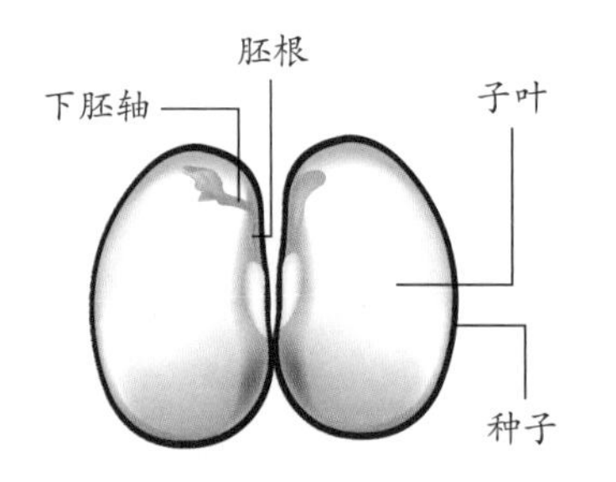

上图展示了双子叶植物的种子由不同部分组成。

- 胚胎的胚根形成主根，主根很有韧性，可以延续维持整株植物的生命。
- 胚胎的下胚轴形成主茎，主茎冒出地面并向上生长。
- 每个花轮（花萼、花冠、雄蕊和心皮或变化过的叶子，形成花的雌性生殖器官）通常由四五个部分组成，或者组成部分的数量是由四或五的倍数。这种花分别被称为四聚体花或五聚体花。
- 叶子通常有网状、羽状或掌状脉络。这些叶子的形状多样，几乎涵盖了前文中所有类型。
- 汁液输送导管有两种，即木质型，由死去的细胞组成，将原始汁液从根部输送到叶子；自由型，由活细胞组成，将汁液从叶子输送到植物的其他部分。在双子叶植物中，这些导管聚集在维管束中，在茎上呈环状排列。
- 双子叶植物的茎通过两个特别的器官组织可以实现真正意义上的二次生长或加厚。这两个器官组织被称为维管束层和次生维管束层或木栓形成层。这些组织的细胞增殖使得植物的厚度增加。
- 花粉粒通常有三层褶皱或皱纹，因此被称为三沟型。

双子叶植物的发芽过程

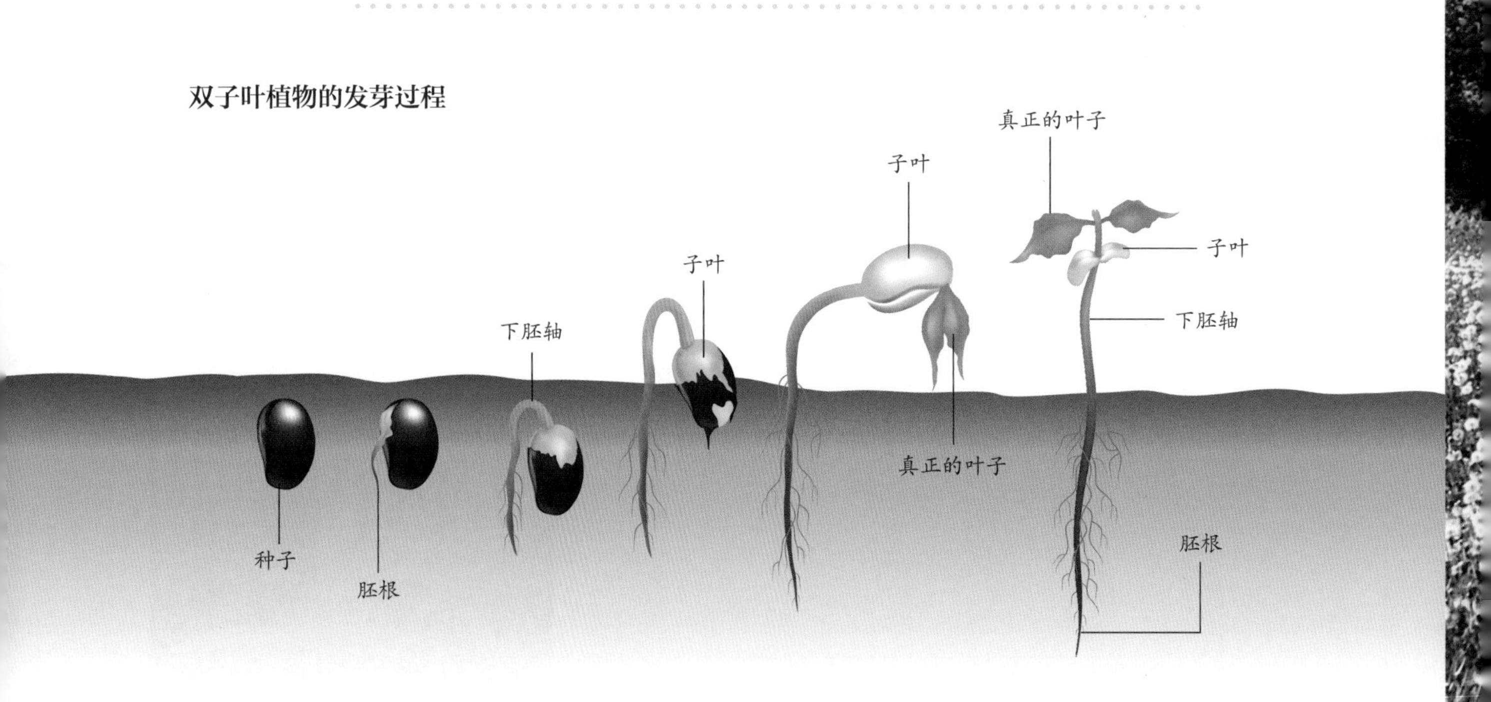

树木的年龄

一棵树的树干厚度可以大致说明植物的年龄。该计算方法的理论基础是计算每年从树皮到树干内部产生的环的数量。这些环是由每年新长出来的树液传输管形成的，它们决定了树木增长的厚度。这些树环还提供了有利于树木生长的气候条件的相关信息：在干燥的季节，树环较窄；而在潮湿的季节，树环则较宽。这个理论并不那么精确，仍然有一些不足之处。具体来说，缺点之一是由于霜冻或其他意外原因造成叶片脱落，该树可能在某一年形成不止一个树环；或者出现相反的情况，即没能每年形成一个新的树环，对于生长在热带地区的植物来说，这种情况较为常见。

利用树环的个数来计数，人们估计一些北美巨型红杉的年龄约为3500年。

分类数量	
纲的名称：	双子叶植物
亚纲数量：	8
目的数量：	28
种的数量：	20万

橡树、榉树和栗子树

橡树、栎树、栓皮栎、山毛榉和栗子树都属于山毛榉科。山毛榉科中包含近700种树木（很少有灌木），广泛分布于北半球的温带地区。这些树木中，存在常青乔木或落叶物种，如橡树。部分树木会在秋天落叶（如山毛榉），一些不太显眼的花朵也会凋零。果实在种子（可食用部分）周围形成一层坚硬的外壳，并且另有额外的保护措施：在一些物种中，这些外壳是由鳞片状苞片形成的，如同一个覆盖果实底部的圆顶，如橡子；在另一些物种中，则是几个果实聚集在同一个坚硬的、带刺的外壳内，当果实成熟时，就会自行打开，如栗子。所有的这些物种都具有重要的生态和经济意义，是进行木材、食品、药品生产及园艺的重要来源。

普通欧栗树 Pm
欧洲栗（*Castanea sativa*）
壳斗目
原产地：南欧和小亚细亚（安纳托利亚半岛）

栓皮槠 Pm
欧洲栓皮栎（*Quercus suber*）
壳斗目
原产地：南欧和北非

金鳞栗
灌木金鳞栗（*Chrysolepis sempervirens*）
壳斗目
原产地：美国西部

沼泽橡木 Pm
沼生栎（*Quercus palustris*）
壳斗目
原产地：北美洲

美国板栗 Cr
齿栗（*Castanea dentata*）
壳斗目
原产地：美国东部

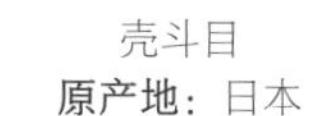

日本橡木
可食柯（*Lithocarpus edulis*）
壳斗目
原产地：日本

圣栎 Pm
冬青栎（*Quercus ilex*）
壳斗目
原产地：地中海地区

无柄橡木 Pm
无梗花栎（*Quercus petraea*）
壳斗目
原产地：欧洲、亚洲和北美洲

柔毛橡木 Pm
比利牛斯山栎（*Quercus pyrenaica*）
壳斗目
原产地：伊比利亚半岛

美国红橡木 Pm
红栎（*Quercus rubra*）
壳斗目
原产地：北美中部和东部

大果栎 Pm
（*Quercus macrocarpa*）
壳斗目
原产地：北美洲

栎树
葡萄牙栎（*Quercus faginea*）
壳斗目
原产地：伊比利亚半岛和北非

南极假山毛榉或南极山毛榉 Pm
假山毛榉（*Nothofagus antarctica*）
壳斗目
原产地：从阿根廷的巴塔哥尼亚到智利南部

日本板栗 Pm
日本栗（*Castanea crenata*）
壳斗目
原产地：日本和韩国

胭脂虫栎 Pm
洋红栎（*Quercus coccifera*）
壳斗目
原产地：地中海地区

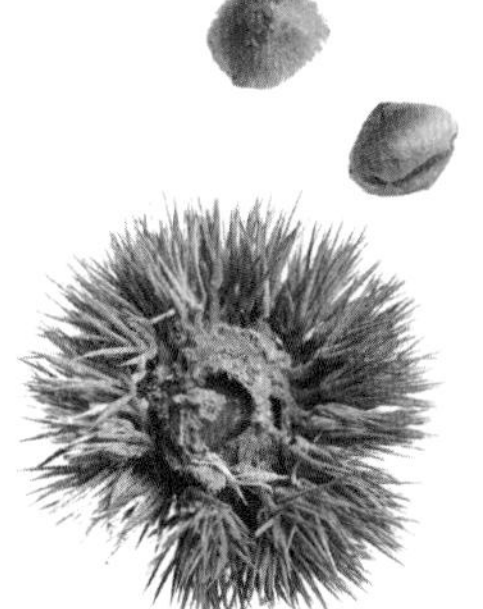

锥栗 A
华南锥（*Castanopsis concinna*）
壳斗目
原产地：中国

普通欧洲山毛榉 Pm
欧洲山毛榉（*Fagus sylvatica*）
壳斗目
原产地：欧洲

夏栎 Pm
（*Quercus robur*）
壳斗目
原产地：欧洲、亚洲和北美洲

橡树

冬青栎（*Quercus ilex*）
目：壳斗目
科：山毛榉科

在地中海气候中，橡树是最具特点的树木。地中海地区夏季炎热干燥，秋季至春季多雨。橡树林有着非常重要的生态意义，它的树枝和果实为一些严重濒危的物种提供庇护场所和食物，比如黑鹫、帝王鹰和黑鹳。此外，这些森林被改造为牧场，产出的大量橡子，可用来喂养牲畜；还可用于狩猎和获取木材、木柴或木炭等，具有巨大的经济价值。

高度和寿命

树木的高度普遍在16～25米，可以存活700～800年。

外观

树木初时呈椭圆形的杯状，经年变化，变得圆润而宽大。

树皮

幼树树皮表层光滑，呈灰绿色。随着时间的推移，树皮的裂缝和颜色变深。

树干

树干短小，极为厚实，开始分枝的地方离地面非常近。

适应干燥的环境

橡树的叶子是似革质的，具体来说，它的外观和硬度都与皮革极为类似，而且常年是绿色的（它们全年都在树上）。在成熟时，叶子的上半部分是深绿色，下半部分颜色较浅，覆盖着一层毛茸茸的灰色绒毛。嫩枝也被这层灰色绒毛保护着。这层密实的绒毛不过是一种保护系统，用来防止过度的蒸腾作用而导致叶片流失过多水分。就拿橡树来说，这种保护对树来说是非常重要的，橡树生长在夏季极为干燥炎热的地区，常年直接暴露在阳光直射下。橡树底部萌发的新枝条长出的叶子极为锋利，周围荆棘遍布。

花朵和果实

每棵橡树都会产生雄蕊和雌蕊。雄蕊是黄色的，成簇生长，在枝条末端形成类似于密集悬挂的结构。雌蕊较小，相对而言，不那么艳丽夺目。这些花朵单独生长或三三两两地在嫩枝上成簇生长。花粉主要靠风传播，少部分情况下则是由昆虫传播。

橡树的果实称为橡子。它是一种槲果，有一个闪亮的黑褐色外罩和木质圆顶，外形类似帽子，由非常紧凑、密集、多毛呈灰白色的鳞片组成，周边都是刺。

分布

橡树的自然分布区是地中海盆地。它在地中海盆地的东部较为稀少，西部较为茂盛。在地中海盆底里，橡树既可以生长在海岸，也可以生长在内陆，分布地区的最高海拔在700～1000米。如果不被“打扰”，橡树可以形成非常密集、紧凑且匀称的森林。然而，人类为了养殖牲畜或狩猎而不断砍伐（比较常见），森林就会变得更稀少，逐渐成为牧场。树木体积较小，有时甚至以灌木丛的形式生长。橡树林里，橡树的树冠下常常长着一种特有的植被，由岩蔷薇、胭脂虫栎、金雀花和芳香植物（如百里香、迷迭香和薰衣草）组成。

树干

橡树的树干非常坚硬，且防腐。除此之外，橡树还是极佳的燃烧用木柴，同时可用于生产木炭。从树皮中提取单宁酸，用于鞣制皮革。

花朵

雄性花朵成簇生长。当平均气温达到20℃时，每天的日照时间大约有10小时，橡树就会开花。

果实

当树龄在15～20年，橡子果实的商业生产就开始了。橡树的果实——橡子可以食用，但必须煮熟或烤熟以免消化不良。橡子的主要用途是作为牲畜尤其是猪的食物。

动物

栖息于橡树林的动物群落极为丰富多样，所有代表性动物群落几乎都在其中，甚至还有一些严重濒临灭绝的物种，比如帝王鹰。

桦树和榛树

桦树和榛树都是属于桦木科的落叶乔木或灌木，主要分布在北半球的温带地区和热带地区的山区。雄蕊和雌蕊在同一棵树上发育，通常在叶子发芽前出现。雄蕊很小，通常成簇出现在悬挂结构中。而雌蕊则通常聚集在一起，直立生长。授粉是靠风传播。桦树和桤木的果实是小翅果。而榛树的果实很大，每个果实周围都有一个类似叶子的结构，边缘有锯齿。桦树和桤木的树皮都非常特别，但是两者有所区别：白桦树的树皮是苍白的，并呈条状剥落，而桤木的树皮则是深色的。

榛子树 Pm
欧榛（*Corylus avellana*）
壳斗目
原产地： 欧洲和亚洲

鹅耳枥 Pm
欧洲鹅耳枥
（*Carpinus betulus*）
壳斗目
原产地： 西欧、中欧和南欧

白桦 Pm
垂枝桦（*Betula pendula*）
壳斗目
原产地： 欧洲和亚洲

黑色鹅耳枥
欧洲铁木（*Ostrya carpinifolia*）
壳斗目
原产地： 南欧

黄桦 Pm
（*Betula lutea*）
壳斗目
原产地： 北美洲东部和加拿大魁北克南部

土耳其榛树 Pm
土耳其榛（*Corylus colurna*）
壳斗目
原产地：从欧洲巴尔干半岛到西亚伊朗北部

矮桦树 Pm
沼桦（*Betula nana*）
壳斗目
原产地：欧洲、亚洲、北美洲位于北极的部分及其他寒冷地区

普通桤木或黑桤木 Pm
欧洲桤木（*Alnus glutinosa*）
壳斗目
原产地：欧洲和亚洲西南部

意大利桤木 Pm
意大利赤杨（*Alnus cordata*）
壳斗目
原产地：意大利南部和科西嘉岛

红桤木或美洲桤木 Pm
红桤木（*Alnus rubra*）
壳斗目
原产地：北美洲东海岸

灰桦 Pm
（*Betula populifolia*）
壳斗目
原产地：北美洲

绿色桤木 Pm
（*Alnus viridis*）
壳斗目
原产地：北半球

美国黑桦 Pm
河桦（*Betula nigra*）
壳斗目
原产地：美国东部区域

枫树、臭椿和腰果树

枫树、臭椿和腰果树所属的无患子目是数目庞大且多样化的目之一，包括9个科、460个属，共约5700种植物。其中有两个科的植物树木占总物种数的一半以上：无患子科和芸香科。无患子科包括枫树、埃及榕和七叶树等广为人知的树木。除了芸香，芸香科包含所有的柑橘类植物，这些植物多用于园艺和药材生产。数量紧随其后的两个科是漆树科（乳香黄连木、漆树、腰果树、开心果）和楝科（红笼果和桃花心木）。其他物种，如臭椿，属于苦木科，原产于印度、东南亚和澳大利亚。橄榄科的某些植物则会产生一种带有芳香气味的乳胶，如阿拉伯乳香树。其余科的植物仅包含少数物种。

腰果树
（*Anacardium occidentale*）
无患子目
原产地：美洲热带地区

肉桂
楝（*Melia azedarach*）
无患子目
原产地：喜马拉雅山

埃及榕 Pm
桐叶槭（*Acer pseudoplatanus*）
无患子目
原产地：欧洲中部、南部以及亚洲西南部

鞑靼枫树 Pm
鞑靼槭（*Acer tataricum*）
无患子目
原产地：欧洲中部和东南部、亚洲西南部

日本枫树
羽扇槭（*Acer japonicum*）
无患子目
原产地：日本和韩国

开心果 cA
阿月浑子（*Pistacia vera*）
无患子目
原产地：从希腊山区到阿富汗山区

印度栗树
欧洲七叶树
（*Aesculus hippocastanum*）
无患子目
原产地：巴尔干半岛

皇家枫树
挪威槭（*Acer platanoides*）
无患子目
原产地：欧洲、亚洲的高加索地区和小亚细亚

美洲枫树 Pm
梣叶槭（*Acer negundo*）
无患子目
原产地：从加拿大到危地马拉

蒙彼利埃枫树 Pm
三裂槭（*Acer monspessulanum*）
无患子目
原产地：地中海地区

假发树
黄栌（*Cotinus coggygria*）
无患子目
原产地：欧洲东南部和中亚

芸香
（*Ruta graveolens*）
无患子目
原产地：南欧

“天空之树”
臭椿（*Ailanthus altissima*）
无患子目
原产地：中国北部和中部

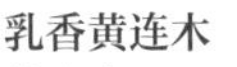

乳香黄连木
黄连木（*Pistacia lentiscus*）
无患子目
原产地：地中海地区和葡萄牙

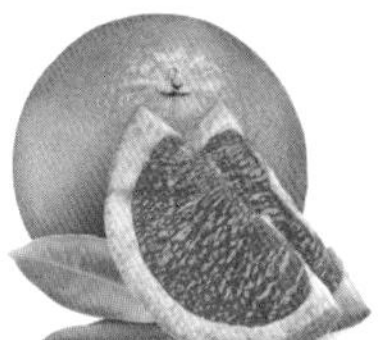

弗吉尼亚漆树
火炬树（*Rhus typhina*）
无患子目
原产地：加拿大东南部、美国东部和东北部

橙子
甜橙（*Citrus sinensis*）
无患子目
原产地：亚洲

黄柠檬
柠檬（*Citrus limon*）
无患子目
原产地：亚洲

青柠檬
来檬（*Citrus aurantiifolia*）
无患子目
原产地：亚洲

柚子
葡萄柚
（*Citrus paradisi*）
无患子目
原产地：亚洲

荔枝
（*Litchi chinensis*）
无患子目
原产地：中国南部和印度尼西亚以及菲律宾东部

杧果
（*Mangifera indica*）
无患子目
原产地：印度和中南半岛

中国肥皂树
栾树（*Koelreuteria paniculata*）
无患子目
原产地：中国和韩国

假胡椒树
肖乳香
（*Schinus molle*）
无患子目
原产地：巴西、乌拉圭和阿根廷

香树 cA
阿拉伯乳香树
（*Boswellia sacra*）
无患子目
原产地：索马里、埃塞俄比亚、也门和阿曼

木兰花和相关植物

木兰花盛大而美丽，其叶坚硬而有光泽，因此相关物种被命名为木兰目。木兰目由6科3000多个物种组成。一般来说，这些物种是生长在美洲、亚洲热带、温带和寒带地区的乔木和灌木。在欧洲，人们发现了过去生活在这片大陆上的物种的化石遗迹，但现在已经没有。其中包含物种最多的科是番荔枝科，约有2300种植物，其中许多是可食用的植物，如南美番荔枝、刺果番荔枝或番荔枝。还有一些植物是用于制香的，比如依兰花。在肉豆蔻科所包含的500种植物中，有一种因其在经济上的重要性有别于其他植物：肉豆蔻树。肉豆蔻的种子被用作烹饪调味品。木兰科所包含的225种植物，作为园艺观赏植物也值得一提。然而，作为木兰科中的一种，厚朴不仅有观赏价值，还可被用于中药。由于厚朴已属濒危物种，药用厚朴来自人工种植。

伞树 Pm
狭瓣木兰（*Magnolia tripetala*）
木兰目
原产地：北美洲阿巴拉契亚山脉

刺果番荔枝
（*Annona muricata*）
木兰目
原产地：中美洲和南美洲

南美番荔枝
秘鲁番荔枝
（*Annona cherimola*）
木兰目
原产地：秘鲁

木兰郁金香
紫玉兰（*Magnolia liliiflora*）
木兰目
原产地：中国西南部

肉豆蔻树
（*Myristica fragans*）
木兰目
原产地：全球热带地区

日本大叶玉兰 Pm
日本厚朴（*Magnolia obovata*）
木兰目
原产地：千岛群岛

牛心果
牛心番荔枝（*Annona reticulata*）
木兰目
原产地：从墨西哥到巴拿马、西印度群岛和南美

弗吉尼亚木兰
北美木兰（*Magnolia virginiana*）
木兰目
原产地：美国东南部

厚朴木兰 Pm
厚朴（*Magnolia officinalis*）
木兰目
原产地：中国

盖裂木 Pm
（*Magnolia hodgsonii*）
木兰目
原产地：亚洲的亚热带地区

假木瓜
巴婆树（*Asimina triloba*）
木兰目
原产地：美国东部

星花木兰 Ep
（*Magnolia stellata*）
木兰目
原产地：日本

依兰
（*Cananga odorata*）
木兰目
原产地：菲律宾、印度尼西亚

木兰 Pm
荷花木兰（*Magnolia grandiflora*）
木兰目
原产地：美国东南部

弗吉尼亚郁金香
北美鹅掌楸（*Liriodentron tulipifera*）
木兰目
原产地：北美洲东海岸

榆树、无花果树和鼠李

榆树、无花果树等植物属于荨麻目，是植物界中最重要的植物之一。因为荨麻目所包含的物种非常多样化，且数量众多。大多数荨麻目植物是来自全球温带、热带和亚热带地区的乔木和灌木。其中一部分植物是落叶植物，如榆树、朴树、榉树和构树；另一部分植物是常绿性植物，即全年都有叶子，如桑科的一些物种。荨麻目中的可食用植物更加广为人知，如无花果树上的无花果和桑树上的桑葚，以及用于酿造啤酒的啤酒花。

鼠李目植物和山龙眼目植物也都属于双子叶植物纲。鼠李目的主要品种有鼠李、枣等，其中一些植物可作为地中海景观植物，如意大利鼠李。山龙眼目的代表性品种有沙枣、沙棘等。

日本榉树
榉（*Zelkova serrata*）
荨麻目
原产地：日本、韩国和中国东部

啤酒花
（*Humulus lupulus*）
荨麻目
原产地：欧洲、西亚和北美洲

野牛樱桃
野牛果（*Shepherdia canadensis*）
荨麻目
原产地：加拿大和美国北部、西部

高加索榆树 cA
鹅耳枥叶榉（*Zelkova carpinifolia*）
荨麻目
原产地：欧洲极东南地区和亚洲的西南部

日本榆树
裂叶榆（*Ulmus laciniata*）
荨麻目
原产地：日本、韩国、中国北部和西伯利亚东部

印度榆树
全叶榆（*Holoptelea integrifolia*）
荨麻目
原产地：印度

滨枣
（*Paliurus spina-christi*）
鼠李目
原产地：地中海东部

天堂之树 Pm
沙枣（*Elaeagnus angustifolia*）
山龙眼目
原产地：亚洲中部和西南部

大麻
（*Cannabis sativa*）
荨麻目
原产地：喜马拉雅山脉

普通榆树 A
欧洲野榆（*Ulmus minor*）
荨麻目
原产地：欧洲大部分地区、北非和西亚

欧洲白榆
（*Ulmus laevis*）
荨麻目
原产地：欧洲中部、东部、东南部和亚洲小亚细亚

药鼠李 Pm
（*Rhamnus cathartica*）
鼠李目
原产地：欧洲

意大利鼠李
（*Rhamnus alaternus*）
鼠李目
原产地：地中海地区

无花果树 Pm
无花果（*Ficus carica*）
荨麻目
原产地：欧洲

枣树 Pm
枣（*Ziziphus jujuba*）
鼠李目
原产地：中国南部和东部

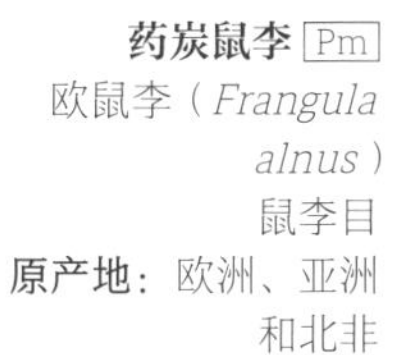

药炭鼠李 Pm
欧鼠李（*Frangula alnus*）
鼠李目
原产地：欧洲、亚洲和北非

白桑树
桑（*Morus alba*）
荨麻目
原产地：温带地区东部和中亚

欧洲朴 Pm
南欧朴（*Celtis australis*）
荨麻目
原产地：地中海地区和欧洲南部

纸桑
构树（*Broussonetia papyrifera*）
荨麻目
原产地：东亚

黑桑树
黑桑（*Morus nigra*）
荨麻目
原产地：亚洲西南部

沙棘 Pm
（*Hippophae rhamnoides*）
山龙眼目
原产地：欧洲绝大部分山脉

路易斯安那州橙 Pm
橙桑（*Maclura pomifera*）
荨麻目
原产地：北美洲南部

美国榆树 Pm
美国榆（*Ulmus americana*）
荨麻目
原产地：北美洲东部

英国榆树
英国榆
（*Ulmus procera*）
荨麻目
原产地：南欧和地中海地区

橄榄树、白蜡树和茉莉花树

木樨科植物有24个属，共计约500种乔木和灌木，而木本攀缘植物则较为少见。木樨科中知名的植物品种有：橄榄树、白蜡树、茉莉花和丁香。尽管这些植物外观各有不同，但是都有一些共同的特征，比如雄蕊有两个花孔，径向对称，花萼和花冠由四个独立或相互连接的部分组成，其中第一个部分呈钟形，第二个部分呈管状。叶子通常在枝条上相对生长，但是也有部分品种的叶子是交替排列的。这一类型的许多植物都有极高的经济价值。例如，橄榄树可以产出橄榄油和橄榄果，白蜡树可用作木材，茉莉花和丁香花则在园艺中有极高的观赏价值。

匈牙利丁香 Ep
（*Syringa josikaea*）
唇形目
原产地：中欧和东欧

开花白蜡树或甜浆梣树 Pm
花梣（*Fraxinus ornus*）
唇形目
原产地：欧洲南部和亚洲西南部

公园茉莉花
迎春花（*Jasminum nudiflorum*）
唇形目
原产地：从中国西藏东南部到中国中部

西洋丁香 Pm
欧丁香（*Syringa vulgaris*）
唇形目
原产地：欧洲

普通茉莉花
素方花（*Jasminum officinale*）
唇形目
原产地：欧洲和亚洲

橄榄木
木樨榄（*Olea europaea*）
唇形目
原产地：地中海盆地

美国白蜡树
美国白梣（*Fraxinus americana*）
唇形目
原产地：北美洲东部

日本丁香 Pm
（*Syringa reticulata*）
唇形目
原产地：东亚

女贞
欧洲女贞（*Ligustrum vulgare*）
唇形目
原产地：欧洲和亚洲

香橄榄树
银桂（*Osmanthus fragrans*）
唇形目
原产地：亚洲

雪球
流苏树（*Chionanthus retusus*）
唇形目
原产地：东亚

连翘
金钟连翘（*Forsythia intermedia*）
唇形目
原产地：东亚

日本白蜡树 Pm
日本小叶梣（*Fraxinus lanuginosa*）
唇形目
原产地：日本和韩国

美国红梣 Cr
（*Fraxinus pennsylvanica*）
唇形目
原产地：加拿大东部和美国

普通白蜡树 cA
欧梣（*Fraxinus excelsior*）
唇形目
原产地：欧洲

橄榄树

木樨榄（*Olea europaea*）

目：唇形目

科：木樨科

橄榄树是一种极负盛名的树种，就其经济价值而言，也是在生长在地中海盆地的诸多树种中最重要的一种。然而橄榄树的意义远不止于此，因为这种树还与地中海地区的历史和文化息息相关。尽管我们尚不清楚人类具体是在何时何地第一次种植橄榄树，但是似乎早在公元前4000年左右就已经有人种植橄榄树。埃及人对这种树非常熟悉，在图坦卡蒙的墓中就有关于橄榄树的具体描述；而在古希腊，任何拔掉橄榄树或对其造成损坏的人都会受到流放的惩罚。腓尼基人把橄榄树带到了伊比利亚半岛，罗马人又把橄榄树传播到了罗马帝国统治的所有地区。

高度

树较矮，一般来说不超过15米高。

树冠

树冠较宽、紧凑、呈不规则状圆形。从中央主干起开始分叉。

树皮

树龄较小的橄榄树，其树皮表面光滑，呈灰色。随着时间的推移，会出现深坑，颜色也会变深。

树干

树干外观极为粗糙且扭曲，树龄越大越是如此。

特点

橄榄树的外观极具特色，难以混淆。它有着扭曲的树干。在一些最古老的橄榄树标本中，它的树干甚至是弯曲的。它银色的叶子使其易于与其他任何植物区分开来。在栽培出的树木中，树叶非常小（2~8厘米），呈革质披针形，顶端略尖。

此外，这些树叶在尖端和底部颜色不尽相同：尖端是深绿色，而底部则是浅灰色或浅银色且覆盖有非常细的鳞片，与嫩枝和花蕾一样。

野生橄榄树

除了种植栽培外，橄榄树在许多地区也是常见自然植被的一部分，即野生橄榄树，俗称野橄榄树。与栽培橄榄树不同的是，野生橄榄树的体型较小，特点类似灌木丛。此外，野生橄榄树的叶子是椭圆形的，长在带刺的四角形短枝上。其果实比栽培的橄榄树更小。就其生长地而言，野生橄榄树通常生长在橡树、栓皮槠、乳香黄连木和桃金娘旁边。

树干

橄榄树最古老标本的木材质地坚硬、紧凑，表层抛光。这就是为什么橄榄树被用于制造橱柜。得益于其硬度，多年前橄榄树还被人们用来制作印刷模具。

花朵和果实

橄榄树的花是雌雄同体的（每朵花都有雄蕊和雌蕊），颜色为白色，以密集的花序出现在枝条的下端。橄榄树的花一般在北半球的4~6月出现，在南半球的11月到来年1月出现。约四个月后，当花朵成熟时，会发育成一个卵形的果实，即橄榄。橄榄的直径为1~4厘米，呈肉质果实，多为绿色（很少为象牙白色），随着果实成熟，颜色会变得更深或更黑。

值得一提的是，橄榄树的花朵产生的花粉是呼吸道过敏反应最常见的诱因之一，其常见程度仅次于草花粉。

分布地区

橄榄树种植区分布在整个地中海盆地和葡萄牙。它是一种生命力非常顽强的树木，能够承受干旱、强烈的阳光和极大的温差（夏季可耐40℃的炎热，冬季可耐-10℃的寒冷）。唯一会对橄榄树造成严重损害的环境因素是霜冻。

消费量

橄榄树的经济价值在于可用来生产橄榄和橄榄油，这两者都是地中海地区健康饮食的基础。目前人们已经开发出600多种橄榄，包括食用橄榄和用于制油的橄榄。所有这些橄榄都富含油酸，对心血管健康极为有益。

寿命长

“橄榄树长寿”是众所周知的。据说有些橄榄树的树龄超过2000年。这幅图片里展示的橄榄树生长在希腊的扎金索斯岛上。

樟目植物

樟目包含约2800个物种。根据在地球上出现的时间来说，樟目植物是世界上最古老的物种之一（有1.45亿年前的化石记录）。这样古老的生长史使樟目植物形成了多种多样的特性。因此，我们很难给樟目植物下一个有关其共同特征的定义。事实上，所有樟目植物都是乔木和灌木，且一般具有芳香的气味。大多数樟目植物的原产地都在热带，然而，也有少部分物种可以在温带地区生长，比如月桂树。大多数樟目植物都是常绿植物，但其中也有落叶物种，如蜡梅。在所有的樟目植物中，最重要的科无疑是樟科。樟科中有2000多种植物，在食品和制药业中都极有价值。除了月桂外，该科还包含樟树、肉桂树、鳄梨树、檫木等。其中，玫瑰安妮樟是一种在亚马孙地区濒临灭绝的物种。因为人们为了用这种树木来提取制作化妆品的精油而对其进行了无节制的砍伐。

菌桂或桂皮
玉桂（*Cinnamomon aromaticum*）
樟目
原产地：中国南部和缅甸东部

波尔多树
解醉茶（*Peumus boldus*）
樟目
原产地：智利

真肉桂或锡兰肉桂
锡兰肉桂（*Cinnamomum verum*）
樟目
原产地：斯里兰卡和印度

卡罗来纳蜡梅
美国蜡梅（*Calycanthus floridus*）
樟目
原产地：北美洲的温带地区

鳄梨
（*Persea americana*）
樟目
原产地：全球亚热带区

樟树
樟（*Cinnamomum camphora*）
樟目
原产地：日本和中国

玫瑰安妮樟 Ep
蔷薇管花樟（*Aniba rosaedora*）
樟目
原产地：亚马孙雨林

月桂树 Pm
月桂（*Laurus nobilis*）
樟目
原产地：地中海地区

美洲檫木 Pm
白檫木（*Sassafras albidum*）
樟目
原产地：北美洲东部和亚洲东部

红柄厚壳桂 Pm
白厚壳桂（*Cryptocarya alba*）
樟目
原产地：智利中部

蜡梅
（*Chimonanthus praecox*）
樟目
原产地：中国

灯笼树
莲叶桐（*Hernandia nymphaeifolia*）
樟目
原产地：热带地区

加那利樟木 A
臭木樟（*Ocotea foetens*）
樟目
原产地：加那利群岛、马德拉群岛和亚速尔群岛

金合欢和豆科植物

豆目植物在食品中极为重要，可应用于制作药物或提取胶质、油和香水。以上只是豆目植物具体应用的一部分，豆目植物约有1.8万个物种。在这些应用广泛的植物中，豆科植物包含了大约1.3万个物种，是数量最多且最负盛名的。豆科植物包含了许多可食用的植物，如鹰嘴豆（鹰嘴豆属）、豆类（蚕豆属）、扁豆（扁豆属）、豌豆（豌豆属）和花生（落花生属）；其他豆目植物，如洋槐（刺槐属）、紫藤（紫藤属）、合欢（金合欢属）和香金雀花（鹰爪豆属）；木本植物，如檀属，以及其他在植物景观层面极具价值的植物，如假玫瑰金合欢、金雀花和荆豆。这些植物中的大多数都有极具特点的蝶状形状和豆科果实。除此之外，这些植物还具有固氮能力，可以保持土壤的肥力。

波斯金合欢
合欢（*Acacia julibrissin*）
豆目
原产地：亚洲

紫藤
（*Wisteria sinensis*）
豆目
原产地：中国

金雀儿
（*Cytisus scoparius*）
豆目
原产地：欧洲

假玫瑰金合欢 Pm
毛刺槐（*Robinia hispida*）
豆目
原产地：北美洲东南部

洋槐 Pm
刺槐（*Robinia pseudoacacia*）
豆目
原产地：美洲北部和中部

红三叶草 Pm
红车轴草（*Trifolium pratense*）
豆目
原产地：欧洲、西亚和非洲西北部

小凤凰木
金凤花
（*Caesalpinea pulcherrima*）
豆目
原产地：美洲热带地区

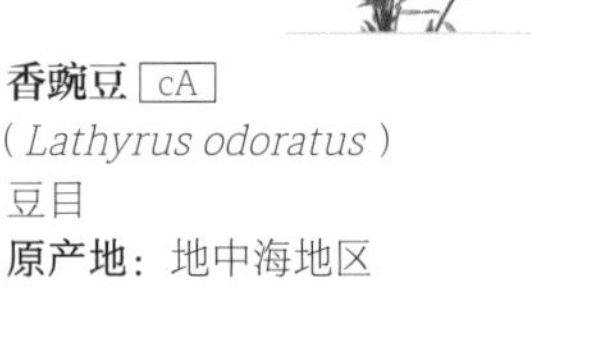

金雀花
染料木（*Genista tinctoria*）
豆目
原产地：欧洲和西亚

香豌豆 cA
（*Lathyrus odoratus*）
豆目
原产地：地中海地区

荊豆 Pm
（*Ulex europaeus*）
豆目
原产地：欧洲

白羽扇豆
（*Lupinus albus*）
豆目
原产地：巴尔干半岛

爱之树 Pm
南欧紫荆（*Cercis siliquastrum*）
豆目
原产地：地中海东部

“黄金之雨” Pm
毒豆（*Laburnum anagyroides*）
豆目
原产地：欧洲

三刺皂荚
美国皂荚（*Gleditsia triacanthos*）
豆目
原产地：澳大利亚

澳大利亚金合欢
银荆（*Acacia dealbata*）
豆目
原产地：澳大利亚和塔斯马尼亚

藤金合欢
（*Acacia concinna*）
豆目
原产地：印度中部和南部

花生
（*Arachis hypogaea*）
豆目
原产地：南美洲

含羞草 Pm
（*Mimosa pudica*）
豆目
原产地：美洲热带地区

蓝叶金合欢
蓝叶相思（*Acacia cyanophylla*）
豆目
原产地：澳大利亚

鹰嘴豆
（*Cicer arietinum*）
豆目
原产地：地中海东部

香金雀花
鹰爪豆（*Spartium junceum*）
豆目
原产地：欧洲南部、非洲西北部和亚洲西南部

罗望子 Pm
酸豆
（*Tamarindus indica*）
豆目
原产地：非洲热带地区

雨树
（*Samanea saman*）
豆目
原产地：美洲热带地区

角豆树 Pm
长角豆（*Ceratonia siliqua*）
豆目
原产地：地中海盆地

石南、杜鹃花和野草莓

石南、杜鹃花和野草莓所属的杜鹃花目，包含约8000种小型乔木和灌木，以及较少的草本植物。这些植物通常生活在贫瘠的土壤或酸性土壤之中。有很多人工栽培的植物都属于杜鹃花目植物，因为这一类植物的花朵通常具有极高的观赏价值，例如，杜鹃花、报春花、牛舌樱草、仙客来、凤仙花和山茶花。与山茶花紧密相连的是茶树。茶树的叶子和嫩芽被用来制备一种流行的饮品——茶。杜鹃花目下属还有一些木本植物，例如乌木，以及其他具有较高经济价值，可以生产可食用水果的木本植物，例如猕猴桃树、柿树、越橘树、巴西坚果树和星苹果树。还有的杜鹃花目植物可以用于提取制作化妆品的油类，例如乳木果和摩洛哥油山榄。此外，必须提及的是极具观赏价值的物种，如野草莓和欧石南。

仙客来
（*Cyclamen persicum*）
杜鹃花目
原产地：小亚细亚

黄色杜鹃花
深黄杜鹃（*Rhododendron luteum*）
杜鹃花目
原产地：欧洲东南部至亚洲西南部

巴西坚果或鲍鱼果 A
巴西栗（*Bertholletia excelsa*）
杜鹃花目
原产地：南美洲

映山红
（*Azalea indica*）
杜鹃花目
原产地：东亚

杜鹃花
黑海杜鹃（*Rhododendron ponticum*）
杜鹃花目
原产地：欧洲东南部和西南部

梫木
马醉木（*Pieris japonica*）
杜鹃花目
原产地：日本和中国

牛舌樱草
欧洲报春（*Primula vulgaris*）
杜鹃花目
原产地：欧洲西部和南部、非洲西北部和亚洲西南部

南美铁线子或人心果树
人心果（*Manilkara zapota*）
杜鹃花目
原产地：墨西哥

星苹果
（*Chrysophyllum cainito*）
杜鹃花目
原产地：加勒比地区

摩洛哥油山榄
山羊榄（*Argania spinosa*）
杜鹃花目
原产地：摩洛哥西南部

柿树
柿（*Diospyros kaki*）
杜鹃花目
原产地：亚洲

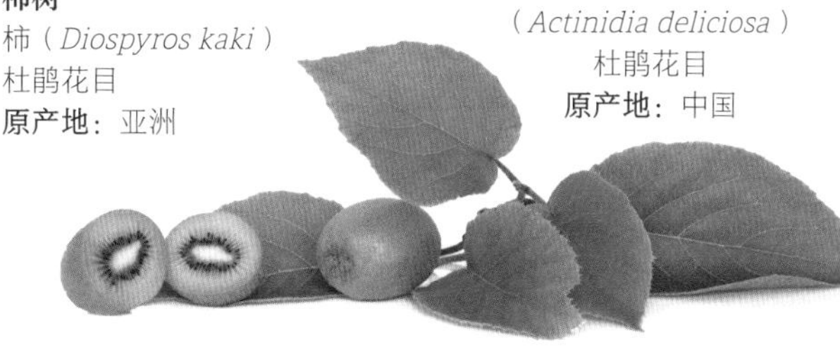

猕猴桃
（*Actinidia deliciosa*）
杜鹃花目
原产地：中国

大宝石南
（*Daboecia cantabrica*）
杜鹃花目
原产地：西班牙北部

乌鸦浆果
岩高兰（*Empetrum nigrum*）
杜鹃花目
原产地：北半球的北部

乳木果 A
（*Vitellaria paradoxa*）
杜鹃花目
原产地：非洲

凤仙花
（*Impatiens balsamina*）
杜鹃花目
原产地：东南亚

熊果
（*Arctostaphylos uva-ursi*）
杜鹃花目
原产地：欧洲、亚洲和北美洲

野草莓树 Pm
草莓树（*Arbutus unedo*）
杜鹃花目
原产地：伊比利亚半岛、地中海地区和北非

茶树
茶（*Camellia sinensis*）
杜鹃花目
原产地：中国华南及东南亚

山茶花 Pm
山茶（*Camellia japonica*）
杜鹃花目
原产地：日本

黄连花 Pm
毛黄连花（*Lysimachia vulgaris*）
杜鹃花目
原产地：南欧

欧洲越橘
黑果越橘（*Vaccinium myrtillus*）
杜鹃花目
原产地：欧洲、亚洲和北美洲

石南花
帚石南（*Calluna vulgaris*）
杜鹃花目
原产地：欧洲、北非和美洲

欧石南 Pm
烟斗石南（*Erica arborea*）
杜鹃花目
原产地：地中海地区

蔷薇科植物

蔷薇科包含了大约3200种植物，其范围远不仅限于野生玫瑰和人工培育玫瑰灌木。蔷薇科植物还包括许多生长出人们日常食用的果实的树木，如苹果树、梨树、李子树、樱桃树、桃树、杏树、扁桃树、榅桲树、覆盆子树等。此外，蔷薇科植物还包括其他一些植物，尽管这些植物并不如上述植物一般有极为重要的经济价值，但作为景观植物而拥有观赏价值。这类植物包括花楸果树、白面子树、荆棘或山楂树。蔷薇科植物几乎遍布世界各地，但在北半球的温带和亚热带地区尤为丰富。

日本柳叶绣线菊
粉花绣线菊（*Spiraea japonica*）
蔷薇目
原产地：日本、中国和韩国

木本匍匐委陵菜
金露梅（*Potentilla fruticosa*）
蔷薇目
原产地：欧洲

沼委陵菜 Pm
（*Comarum palustre*）
蔷薇目
原产地：北欧

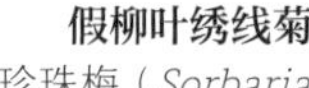

假柳叶绣线菊
珍珠梅（*Sorbaria sorbifolia*）
蔷薇目
原产地：亚洲温带地区

火荆棘
欧洲火棘（*Pyracantha coccinea*）
蔷薇目
原产地：欧洲南部

黑刺李 Pm
（*Prunus spinosa*）
蔷薇目
原产地：欧洲

猎人的花楸果树 Pm
欧洲花楸（*Sorbus aucuparia*）
蔷薇目
原产地：欧洲

日本欧查树
枇杷（*Eriobotrya japonica*）
蔷薇目
原产地：中国东南部

草莓
野草莓（*Fragaria vesca*）
蔷薇目
原产地：欧洲和亚洲

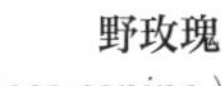

野玫瑰
犬蔷薇（*Rosa canina*）
蔷薇目
原产地：世界各地

日本榅桲
日本海棠（*Chaenomeles japonica*）
蔷薇目
原产地：东亚

圣威廉草
欧洲龙牙草
（*Agrimonia eupatoria*）
蔷薇目
原产地：欧洲

地榆 Pm
（*Sanguisorba officinalis*）
蔷薇目
原产地：欧洲中部和北部以及亚洲

空竹
五毛风箱果（*Physocarpus opulifolius*）
蔷薇目
原产地：北美洲东部

"女士篷"
柔毛羽衣草（*Alchemilla mollis*）
蔷薇目
原产地：南欧

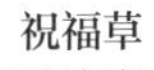

祝福草
欧亚路边青
（*Geum urbanum*）
蔷薇目
原产地：欧洲和中东

覆盆子
（*Rubus idaeus*）
蔷薇目
原产地：欧洲和北亚

巴旦杏
（*Prunus dulcis*）
蔷薇目
原产地：亚洲和北美洲

樱桃CHERRY Pm
洋樱桃（*Prunus avium*）
蔷薇目
原产地：欧洲和西亚

梨树 Pm
西洋梨（*Pyrus communis*）
蔷薇目
原产地：东欧和小亚细亚

桃
（*Prunus persica*）
蔷薇目
原产地：阿富汗、中国和伊朗

榅桲
（*Cydonia oblonga*）
蔷薇目
原产地：高加索地区

苹果
（*Malus domestica*）
蔷薇目
原产地：亚洲

洋李
欧洲李（*Prunus domestica*）
蔷薇目
原产地：高加索地区和伊朗

岩蔷薇和锦葵

锦葵目植物在形态、生长方式和分布等方面的多样化是它最为突出的特点中之一。锦葵目植物中既有雨林中最高的树木，如娑罗树；也有小而精致的草本植物，如野生锦葵；还有一些长着长刺且根系巨大，突出于地面的树木，如木棉；还有一些树木，其树干内积聚了许多水，如猴面包树；以及一些树，如椴树，其花朵可以用来制成饮品。锦葵目植物还包括具有经济价值的物种（如棉花）、观赏性的物种（如芙蓉、中国灯笼树和火焰树）以及景观性的物种（如地中海独特物种岩蔷薇）。

中国灯笼树
红萼苘麻（*Abutilon megapotamicum*）
斑鸠菊
锦葵目
原产地：巴西

黏胶岩蔷薇
岩蔷薇（*Cistus ladanifer*）
锦葵目
原产地：地中海盆地

白色岩蔷薇
白毛岩蔷薇（*Cistus albidus*）
锦葵目
原产地：地中海盆地

锦葵
欧锦葵（*Malva sylvestris*）
锦葵目
原产地：欧洲

酩酊树
美丽异木棉（*Ceiba speciosa*）
锦葵目
原产地：南美洲的热带和亚热带雨林

药用蜀葵
药葵（*Althaea officinalis*）
锦葵目
原产地：欧洲和亚洲

巴西粑蓬
多花孔雀葵（*Pavonia multflora*）
锦葵目
原产地：巴西

猴面包树或瓶子树
猴面包树（*Adansonia digitata*）
锦葵目
原产地：非洲

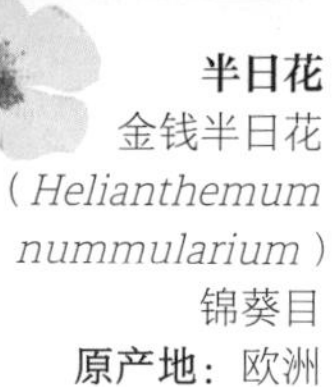

半日花
金钱半日花（*Helianthemum nummularium*）
锦葵目
原产地：欧洲

棉花
（*Gossypium sp.*）
锦葵目
原产地：全球热带和亚热带地区

芙蓉或中国玫瑰
朱槿（*Hibiscus rosa-sinensis*）
锦葵目
原产地：东亚

皇家锦葵

蜀葵（*Alcea rosea*）
锦葵目
原产地：中国西南部

木棉 Pm
吉贝（*Ceiba pentandra*）
锦葵目
原产地：中美洲

伊拉瓦拉火焰树
槭叶酒瓶树
（*Brachychiton acerifolius*）
锦葵目
原产地：澳大利亚东海岸

娑罗树 Pm
娑罗双（*Shorea robusta*）
锦葵目
原产地：印度次大陆

中国栗子
苹婆（*Sterculia monosperma*）
锦葵目
原产地：中国的南部

岩石玫瑰
亚平宁半日花
（*Helianthemum apenninum roseum*）
锦葵目
原产地：欧洲

普通椴树 Pm
阔叶椴（*Tilia platyphyllos*）
锦葵目
原产地：欧洲

仙人掌

目前，仙人掌目植物面临的两个主要挑战与它们平时赖以生存的沙漠环境有关。沙漠环境里昼夜温差极大，降雨量极低。为了在如此恶劣的自然条件下生存，仙人掌目形成了一系列的适应性：广泛分布的根系是为了从土壤中吸收尽可能多的水分；小而坚韧的叶子变成刺，是为了减少蒸腾作用带来的水分损失；绿色的茎通常是厚厚的（肉质的），这是为了充分发挥叶绿素的功能并且储存水分；以及随着降雨长出来的花朵，会迅速转化为种子，种子在土壤中等待着下一次降雨的到来（有时甚至要几年），然后随着降雨而发芽。

麒麟果 Pm
（*Selenicereus megalanthus*）
仙人掌目
原产地： 哥伦比亚、委内瑞拉、厄瓜多尔、秘鲁和玻利维亚

七叶针 Pm
樱麒麟（*Pereskia bleo*）
仙人掌目
原产地： 中美洲

“婆婆的座位” Ep
金琥（*Echinocactus grusonii*）
仙人掌目
原产地： 墨西哥中部

泰迪熊仙人掌 Pm
（*Cylindropuntia bigelovii*）
仙人掌目
原产地： 墨西哥、美国加利福尼亚州和亚利桑那州

强刺仙人掌 cA
太白丸（*Thelocactus macdowellii*）
仙人掌目
原产地： 墨西哥

顶花球 Pm
片甲丸（*Coryphantha ramillosa*）
仙人掌目
原产地： 墨西哥

“夜之女王” Pm
昙花（*Epiphyllum Oxypetalum*）
仙人掌目
原产地： 北美洲墨西哥、中美洲和南美洲

矮下巴仙人掌 Pm
绯花玉（*Gymnocalicium baldianum*）
仙人掌目
原产地： 阿根廷

树形仙人掌 Pm
巨人柱（*Carnegiea gigantea*）
仙人掌目
原产地： 欧洲

花冠球
花冠丸
（*Acanthocalycium spiniflorum violaceum*）
仙人掌目
原产地：阿根廷

星冠 A
星球（*Astrophytum asterias*）
仙人掌目
原产地：美国南部和墨西哥北部

花笼 cA
欣顿花笼（*Aztekium hintonii*）
仙人掌目
原产地：墨西哥

老人柱 Ep
翁柱（*Cephalocereus senilis*）
仙人掌目
原产地：墨西哥

复活节仙人掌 A
假昙花
（*Rhipsalidopsis gaertneri*）
仙人掌目
原产地：巴西

龙爪球 Pm
黑王丸（*Copiapoa cinerea*）
仙人掌目
原产地：智利

烛台仙人掌
六角柱（*Cereus peruvianus*）
仙人掌目
原产地：南美洲的南锥体

火冠
翁宝（*Rebutia senilis*）
仙人掌目
原产地：阿根廷

刺猬仙人掌
鲜凤丸（*Echinopsis mamillosa kermesina*）
仙人掌目
原产地：玻利维亚

仙人掌果
（*Opuntia ficus indica*）
仙人掌目
原产地：墨西哥

鹅卵石仙人掌

生石花属（*Lithops sp.*）
目：仙人掌目
科：番杏科

鹅卵石仙人掌，又称石头植物。毫无疑问的是，这名字选得极为贴切，再也没有其他名字能更好地定义这种植物的外观了。植物的这种外观是进化而来的一种适应性，以保护自身不被动物注意到，从而避免被动物吃掉。事实上，这种适应性是极为成功的，因为鹅卵石仙人掌的外观与真正的石头极为相似，以至于它的许多物种多年来都没有被植物学家注意到。正如前文所说，鹅卵石仙人掌不是一个单一的物种，而是一个类别，包含约109个具有类似特征的物种。

开花

花朵一般在植物生长了两到三年的时候出现。

适应性

鹅卵石仙人掌这种植物也许是最能适应严酷的干旱和太阳炙热照射的植物中之一。

叶子

叶子表面的脉络形成不同的图案，这是每种不同品种的鹅卵石仙人掌各自的特点。

外观

鹅卵石仙人掌从外观来看是体积非常小的肉质植物，直径只有几厘米。从结构上来说，它是由两片厚厚的灰绿色、红黄色或棕色的叶子形成。这两片叶子被沿着叶子横面的裂缝分割开来，又或是仅有叶子的中央部分被分割出来。花朵和新叶都是从这个裂缝中发芽生长出来。叶子的表面显示出枝状、点状或斑点状的图案。

发芽

鹅卵石仙人掌是通过种子进行繁殖的，只有在雨水到来时才会发芽。这种植物的种子有非常顽强的生存能力。它们可以埋在土壤中长达七年之久，只为了等待合适的温度和湿度条件从而发芽出土。

分布

鹅卵石仙人掌仅生存于非洲南部的沙漠地区。由于生存环境所限，鹅卵石仙人掌通过进化已完全可以适应土壤和环境中的极端高温，也能承受极为严酷且长时间的干旱。

一些鹅卵石仙人掌的品种，如生长在纳米比亚寒冷多岩石的沙漠中的生石花，由于栖息地的丧失而处于脆弱或明显的灭绝危险中。

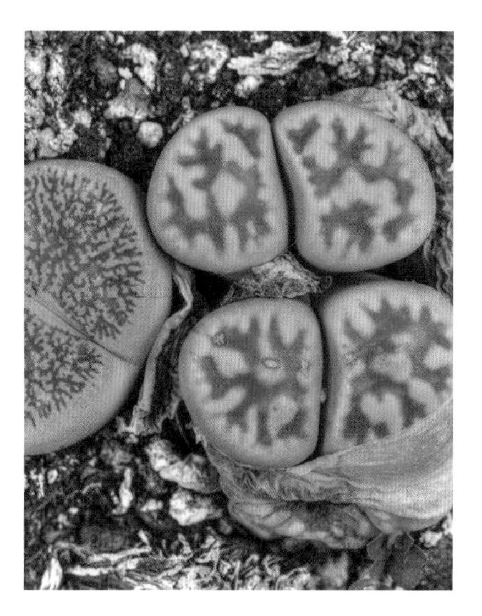

图案

鹅卵石仙人掌，其叶子表面的标志性图案是由一种透明的组织形成的。这种组织作为一扇“窗”，可以使光线抵达植物的内部并产生营养物质。

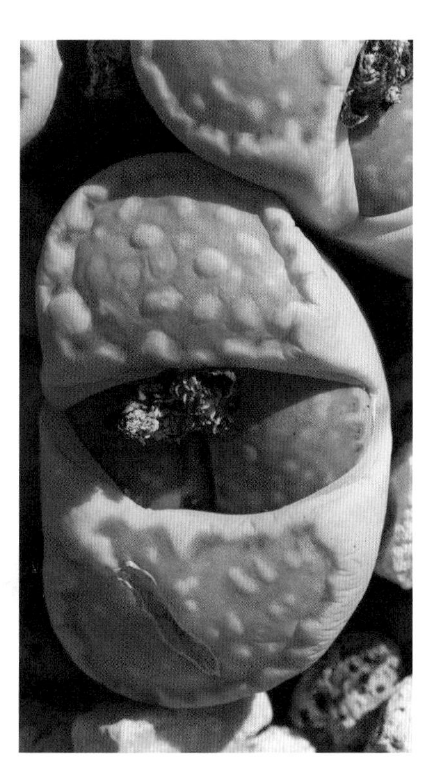

叶子

鹅卵石仙人掌这种植物的另一个奇特之处在于它的新叶的出现方式。这种植物的新芽是在老的植物中诞生的。老的植物为了帮助新芽生长而萎缩、脱水，直到最后完全枯萎，成为干燥的覆盖物。

花朵

每株鹅卵石仙人掌会形成一朵单一的、菊花状的、黄色或白色的花朵，具体的外观取决于鹅卵石仙人掌的品种。鹅卵石仙人掌的花瓣几乎覆盖了整株植物，略带香味，在夜间盛开。

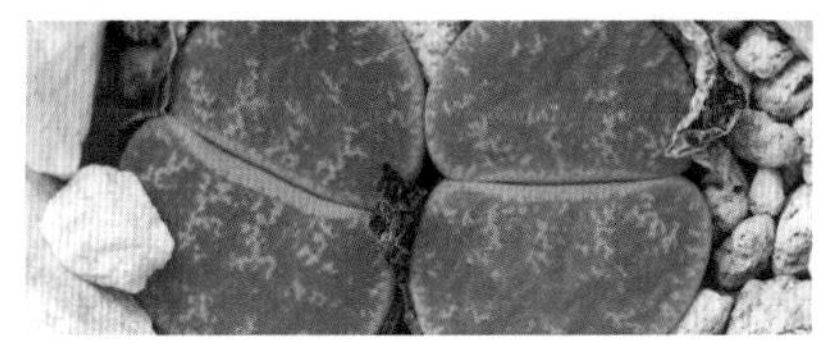

鹅卵石仙人掌的各种品种会显示出不同的叶子图案。

一品红、柳树和蓖麻

一品红、柳树和蓖麻有什么共同点？这三种植物虽然表面上没有显示出任何相似性，但在起源和进化发展上都有关联。在植物学上，这三种植物都归属于金虎尾目。事实上，所有开花植物的7%都属于金虎尾目，其中包括分布广泛的树木，如杨树；其他生产乳胶的橡胶树和一些极有特点的树木，如红树，为了在它赖以生存的沿海沼泽底层生存下来，自行生长出飘在空中的高跷状根系，留下开口让空气进入，避免出现空气不足的现象。同时，红树林下沉并将分支深入泥土之中以支撑住树木。除此之外，许多观赏性植物也属于金虎尾目，如一品红、紫罗兰和激情之花（西番莲），以及另外一些包含有可食用部分的植物品种，如丝兰和针叶樱桃，还有其余的具有药用价值（蓖麻）或工业价值（亚麻）的植物品种。

蓖麻
（*Ricinus communis*）
金虎尾目
原产地：全球温带

垂柳
（*Salix babylonica*）
金虎尾目
原产地：东亚

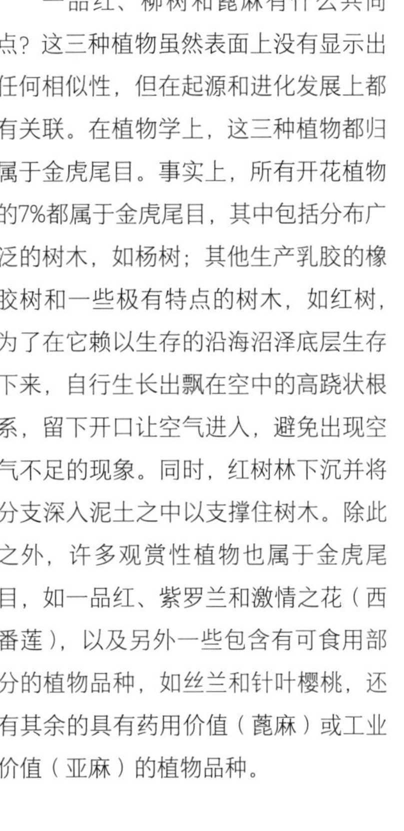

山羊柳 Pm
黄花柳（*Salix caprea*）
金虎尾目
原产地：欧洲、中亚和西亚

青刚柳
爆竹柳（*Salix fragilis*）
金虎尾目
原产地：欧洲和亚洲西部

柳树 Pm
白柳（*Salix alba*）
金虎尾目
原产地：欧洲、西亚和北非

丝兰或木薯
木薯（*Manihot esculenta*）
金虎尾目
原产地：南美洲

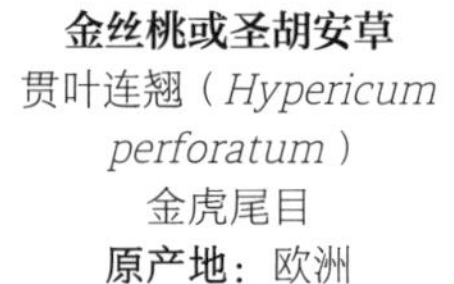

金丝桃或圣胡安草
贯叶连翘（*Hypericum perforatum*）
金虎尾目
原产地：欧洲

橡胶树
（*Hevea brasiliensis*）
金虎尾目
原产地：亚马孙河流域

美国红树 Pm
美洲红树（*Rhizophora mangle*）
金虎尾目
原产地：热带地区

一品红
（*Euphorbia pulcherrima*）
金虎尾目
原产地： 墨西哥东南部

黄时钟花
时钟花（*Turnera ulmifolia*）
金虎尾目
原产地： 墨西哥和加勒比地区

油桃木
巴西树果（*Caryocar brasiliense*）
金虎尾目
原产地： 巴西

蝴蝶花
三色堇（*Viola tricolor*）
金虎尾目
原产地： 欧洲

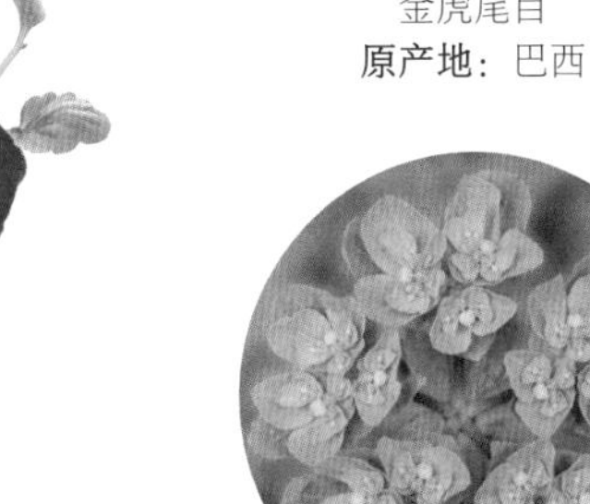

泽漆
（*Euphorbia helioscopia*）
金虎尾目
原产地： 欧洲和亚洲

亚麻或亚麻籽
（*Linum usitatissimum*）
金虎尾目
原产地： 底格里斯河地区、幼发拉底河地区和尼罗河地区

白杨 Pm
欧洲山杨（*Populus tremula*）
金虎尾目
原产地： 欧洲、亚洲

针叶樱桃或小苹果
西印度樱桃（*Malpighia emarginata*）
金虎尾目
原产地： 中美洲、西印度群岛和南美洲潮湿的热带地区

激情之花
西番莲（*Passiflora caerulea*）
金虎尾目
原产地： 热带和亚热带地区

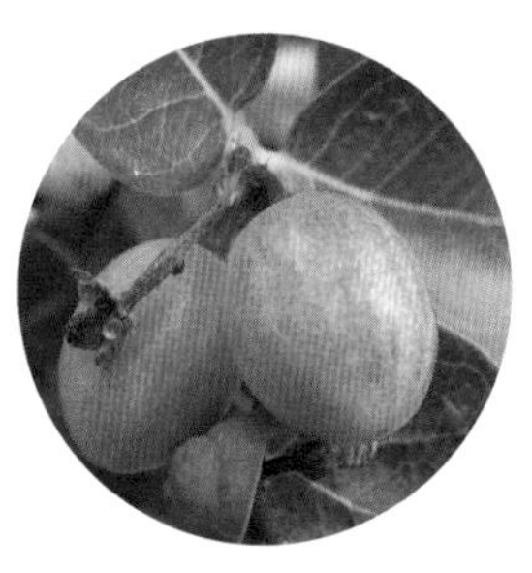

可可李
（*Chrysobalanus icaco*）
金虎尾目
原产地： 加勒比地区和其他美洲热带地区

黑杨
（*Populus nigra*）
金虎尾目
原产地： 欧洲、亚洲、北非

普通堇菜
香堇菜（*Viola odorata*）
金虎尾目
原产地： 欧洲和亚洲

白背杨 Pm
银白杨（*Populus alba*）
金虎尾目
原产地： 欧洲、亚洲、北非

加那利大戟 Pm
墨麒麟（*Euphorbia canariensis*）
金虎尾目
原产地： 加那利群岛

刺菜蓟和藤忍冬

刺菜蓟和藤忍冬等植物所属的川续断目起源于中白垩纪的北半球，即1亿或1.1亿年前。然而，川续断目植物的多样化是近期在众多新地理区域被发现的，尤其是在山区。现如今，川续断目植物包含约1000个品种，包括一些最著名的带刺蓟，如起绒草（川续断属）；没有刺的蓟，如山萝卜或枕形花；以及一些极为美丽具有观赏性花朵的植物，如金银花（忍冬属），六道木和锦带花；还有一些药用植物（缬草）、可食用植物（野苣菜）和小型乔木或灌木，如接骨木（接骨木属）和荚蒾（荚蒾属）。

叙利亚晚香玉
败酱（*Patrinia scabiosifolia*）
川续断目
原产地：日本、韩国和俄罗斯西伯利亚

藤忍冬
忍冬（*Lonicera japonica*）
川续断目
原产地：东亚

森林金银花
香忍冬（*Lonicera periclymenum*）
川续断目
原产地：欧洲

红色缬草
距缬草（*Centranthus ruber*）
川续断目
原产地：南欧、小亚细亚和北非

雪球
白雪果
（*Symphoricarpos albus*）
川续断目
原产地：加拿大和美国北部

蓝藤忍冬 Pm
蓝果忍冬
（*Lonicera caerulea*）
川续断目
原产地：北半球

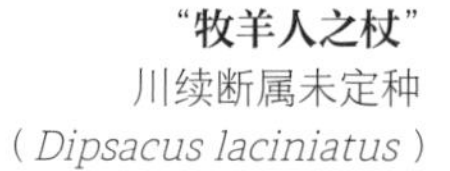

“牧羊人之杖”
川续断属未定种
（*Dipsacus laciniatus*）
川续断目
原产地：欧洲

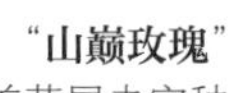

“山巅玫瑰”
蓬首花属未定种
（*Pterocephalus dumetorum*）
川续断目
原产地：加那利群岛

“牛舌”或野生松虫草
田野孀草（*Scabiosa arvensis*）
川续断目
原产地：欧洲和北非

西洋山萝卜
紫盆花（*Scabiosa atropurpurea*）
川续断目
原产地：地中海盆地

喜马拉雅藤忍冬
鬼吹箫（*Leycesteria formosa*）
川续断目
原产地：喜马拉雅山地区和中国西南部

锦带花
日本锦带花（*Weigela japonica*）
川续断目
原产地：日本

毛蓟
毛川续断（*Dipsacus pilosus*）
川续断目
原产地：法国和德国

黑色接骨木
西洋接骨木（*Sambucus nigra*）
川续断目
原产地：欧洲和西亚

猬实
（*Kolkwitzia amabilis*）
川续断目
原产地：中国

"行走的树"
欧洲荚蒾（*Viburnum opulus*）
川续断目
原产地：欧洲和亚洲

亚洲晚香玉 Cr
甘松（*Nardostachys jatamansi*）
川续断目
原产地：印度、尼泊尔和中国

红色接骨木
总序接骨木（*Sambucus racemosa*）
川续断目
原产地：欧洲北部和西北亚

马缨丹
绵花荚蒾（*Viburnum lantana*）
川续断目
原产地：欧洲、亚洲西南部和非洲西北部

六道木
糯米条（*Abelia chinensis*）
川续断目
原产地：中国

起绒草
（Dipsacus fullonum）
川续断目
原产地：北半球

缬草
（*Valeriana officinalis*）
川续断目
原产地：欧洲和亚洲

野苣菜
歧缬草（*Valerianella locusta*）
川续断目
原产地：欧洲、小亚细亚和高加索地区

睡莲

有好几个科的植物都归属在睡莲的通用名称下，但它们分属不同的目。这些植物有共同的栖息地。具体来说，它们都生长在淡水区，如湖泊、潟湖、溪流或沼泽地等一些水面平静或水流流动较缓的区域。这些植物大多在河道底部扎根，生长出格外美丽的花朵。睡莲目植物中最著名的代表性植物是睡莲，得益于其异常美丽和气味芬芳的花瓣，睡莲一般被栽培在水景花园中。睡莲花瓣的颜色多变，从白色到红色，几乎包含白色和红色之间的所有色调。在古埃及文化中，尼罗河的蓝莲花和白莲花是每一天重生的象征。因为在太阳升起时，这些莲花的花瓣会舒展开；太阳落下后，它们会闭合。

埃及白睡莲
齿叶睡莲
（*Nymphaea lotus*）
睡莲目
原产地：东非和东南亚

圣莲
莲（*Nelumbo nucifera*）
睡莲目
原产地：俄罗斯南部、亚洲和澳大利亚

蓝睡莲 Pm
开普睡莲（*Nymphaea capensis*）
睡莲目
原产地：非洲南部

水镜草（金莲花） Pm
荇菜（*Nymphoides peltata*）
茄目
原产地：欧洲和亚洲

斯里兰卡睡莲 Pm
延药睡莲（*Nymphaea stellata*）
睡莲目
原产地：亚洲

水罂粟
水金英（*Hydrocleys nymphoides*）
泽泻目
原产地：中美洲和南美洲

黄睡莲 Pm
欧亚萍蓬草
（*Nuphar lutea*）
睡莲目
原产地：欧洲和亚洲

埃及睡莲 Pm
蓝睡莲
（*Nymphaea caerulea*）
睡莲目
原产地：尼罗河流域和东非

粉红色睡莲 Pm
睡莲（*Nymphaea tetragona*）
睡莲目
原产地：北美洲

欧洲白睡莲 Pm
白睡莲（*Nymphaea alba*）
睡莲目
原产地：欧洲

王莲
（*Victoria regia*）
睡莲目
原产地：亚马孙河流域、圭亚那、哥伦比亚、委内瑞拉和巴拉圭

美国莲花 Pm
美洲莲（*Nelumbo lutea*）
睡莲目
原产地：美国北部和中美洲

巨型芡实睡莲 Pm
芡（*Euryale ferox*）
睡莲目
原产地：从印度北部到日本，中美洲

毛睡莲 Pm
柔毛齿叶睡莲
（*Nymphaea pubescens*）
睡莲目
原产地：欧洲

金钱莲花 Pm
金银莲花（*Nymphoides indica*）
茄目
原产地：美洲热带地区

王莲

（*Victoria regia*）
目：睡莲目
科：睡莲科

王莲又被称为巨型睡莲、善变女神和水盘等。王莲是植物界中最了不起的物种之一。王莲极易辨别，它的大圆叶子直径可接近2米，因此它保持着所有睡莲中尺寸最大的纪录。这种神奇的植物生长在整个亚马孙流域的静水和缓慢流动的河流之中，以及委内瑞拉、哥伦比亚、巴拉圭和圭亚那的热带冲积溪流中。然而，这些地方日益严重的污染正在逐渐缩小这种植物的生长范围。

外观

叶子呈环形，直径接近2米，叶柄和茎部淹没在水下。

漂浮

这些巨大圆盘状的叶子，有着折叠边缘和巨大的表面，这使其成功地漂浮在水面。

学名

它是以英国维多利亚女王的名字命名的。

发现

捷克植物学家和博物学家泰德乌斯·亨克在1801年发现了这种植物。

巨大的叶子

王莲的叶子长在长长的叶柄末端，叶宽可超过2米，始终浸泡在水中。根茎与叶子相连，深入泥泞的河底，固定植物。叶子上部呈浅绿色，植物的其余部分都有刺，以抵御鱼类和其他水生动物。

美丽而短暂的花朵

每株王莲都会生长出一朵花，有许多花瓣和雄蕊。这些散发着精致的杏子香味的花朵在黄昏时舒展开，一直到第二天早上。第一天晚上，花朵是白色的、雌性的，也就是说，它可以接受其他花朵的花粉。第二天晚上，花瓣的颜色已经变成粉红色或红宝石色，成为雄蕊，产生花粉。授粉是由甲虫进行的，它们被花朵的芬芳香气所吸引，当花朵在天亮合上花瓣时，这些甲虫就被困在花瓣里面；当这些甲虫停留在花朵里面时就会沾满花粉。这些花朵的美丽格外短暂。在第二晚之后，花朵就会合上，沉入水里后消失。

在维多利亚时代的花园里

在维多利亚时代，园艺是贵族们的娱乐活动之一，贵族们争先恐后地培育最迷人的花朵。在发现王莲之后，谁能不去试着种植这种具有美丽花朵的稀有植物呢？1849年，德文郡公爵的首席园艺师约瑟夫·帕克斯顿向维多利亚女王献上了这种花。他还从花朵叶子背面的脉络中获得了灵感，在1851年伦敦世界博览会上设计了水晶宫。

相关传奇故事

关于这种植物的起源，在亚马孙的印第安人中流传着一个传说。据说，一位美丽的年轻女子痴迷于触摸月亮，但是，她自然无法做到这一点。一天晚上，她看着自己在河里的倒影，以为是夜空里的月亮下来洗澡了。于是，她不假思索地跳入水中，以实现触摸月的梦想。但女孩不会游泳，被淹死了。月亮对此感到非常抱歉，于是救了这个女孩并让她活了过来……从此之后，女孩变成了一株美丽的水生植物，每天晚上她都可以在水里轻舞。那株植物正是王莲。叶子上侧呈浅绿色，底部是红色的，有许多明显的凸起的脉络，形成一个特殊的图案。

图为叶片的细节，呈浅绿色。背面是红色的，有大量的浮雕状脉络，非常明显，形成了一幅奇特的图画。

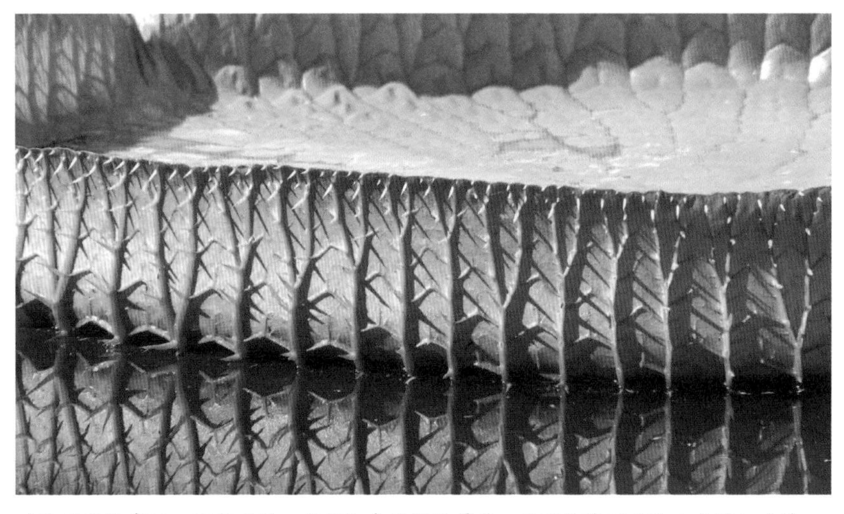

叶子的边缘有10～20厘米长，被淡红色的螺纹覆盖。这种边缘可以防止水浸入叶片。

花朵

与叶子一样，这种植物的花朵也很巨大，直径可达40厘米。

动物

许多丛林动物，特别是鸟类，可以栖息在王莲的叶子上而没有下沉的危险。这些动物利用叶子在河边移动，也可以作为捕鱼的平台。

牡丹和相关植物

虎耳草目植物分布于世界各地，分为15个科，有约2500种植物。虽然虎耳草目不是包含品种最多的，却是多样化的，不论是在形态、生长系统，还是在繁殖类型方面都是如此。虎耳草目植物包括乔木（枫香树）、灌木（芍药）、草本植物（虎耳草）、肉质植物（长生草）、半水生植物（粉绿狐尾藻），甚至还有寄生的植物（欧锁阳）。这种巨大的多样性使我们很难找到所有虎耳草目植物的共同特征。景天科植物是包含物种数量最多的一个科（约1400种）。由于景天科植物常用于园艺，如长寿花、石莲花和千日红，因此为人所熟知。所有这些植物都生长在温暖、干燥的地区，极少有水可吸收。这就是虎耳草目植物的叶子看起来鲜嫩水灵的原因——虎耳草目植物演化为可储存充分水分。

长寿花
（*Kalanchoe blossfeldiana*）
虎耳草目
原产地：马达加斯加

鲁氏石莲花
（*Echeveria runyonii*）
虎耳草目
原产地：墨西哥

岩上牡丹
紫斑牡丹（*Paeonia rockii*）
虎耳草目
原产地：中国西部山区

千日红
莲花掌（*Aeonium arboreum*）
虎耳草目
原产地：摩洛哥的大西洋沿岸

白虎耳草
粒牙虎耳草（*Saxifraga granulata*）
虎耳草目
原产地：欧洲

“女人的指甲”
灰岩长生草（*Sempervivum calcareum*）
虎耳草目
原产地：欧洲至高加索地区

金色虎耳草
互叶猫眼草（*Chrysosplenium alternifolium*）
虎耳草目
原产地：欧洲

泡沫花
黄水枝（*Tiarella sp.*）
虎耳草目
原产地：北美洲和亚洲

万点星
苔景天（*Sedum acre*）
虎耳草目
原产地：欧洲

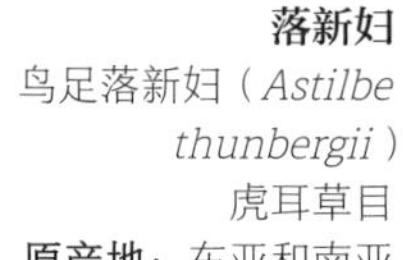

落新妇
鸟足落新妇（*Astilbe thunbergii*）
虎耳草目
原产地：东亚和南亚

欧洲牡丹 Pm
荷兰芍药（*Paeonia officinalis*）
虎耳草目
原产地：欧洲

黑加仑或黑醋栗
黑茶藨子（*Ribes nigrum*）
虎耳草目
原产地：东欧和中欧

红加仑或红醋栗
红茶藨子（*Ribes rubrum*）
虎耳草目
原产地：西欧

雨伞草
伞草（*Darmera peltatum*）
虎耳草目
原产地：美国西部

多刺醋栗
鹅莓（*Ribes uva-crispa*）
虎耳草目
原产地：欧洲、非洲西北部和小亚细亚西南部

黄虎耳草
长生草状虎耳草（*Saxifraga aizoides*）
虎耳草目
原产地：美国阿拉斯加、丹麦格陵兰岛和欧洲

“女巫的榛子” Pm
弗吉尼亚金缕梅（*Hamamelis virginiana*）
虎耳草目
原产地：北美洲

中国牡丹
芍药（*Paeonia lactiflora*）
虎耳草目
原产地：中亚

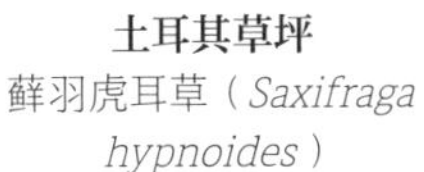

土耳其草坪
藓羽虎耳草（*Saxifraga hypnoides*）
虎耳草目
原产地：北半球

美国枫香 Pm
北美枫香（*Liquidambar styraciflua*）
虎耳草目
原产地：美国东部和中美洲

水蓍草
粉绿狐尾藻（*Myriophyllum aquaticum*）
虎耳草目
原产地：南美洲

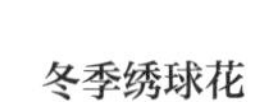

冬季绣球花
厚叶岩白菜（*Bergenia crassifolia*）
虎耳草目
原产地：西伯利亚和亚洲中部

菊花和向日葵

菊花和向日葵属于同科植物。从植物学上来说，菊花和向日葵都属于菊目，它们有众多为人们所熟知的品种，具有重要的经济价值。从不起眼的雏菊到风铃草再到诸多种类的蓟草，这些植物都属于菊目。菊目植物还包含许多观赏性植物，如金盏花、万寿菊、非洲菊、百日菊等，以及一些具有药用和药理价值的植物，如洋甘菊、山金车、艾草、苦艾蒿和各种紫锥菊。还有一些菊目植物作为原材料用于工业生产，如向日葵和红花，用来榨油；除虫菊用来制作杀虫剂；灰白银胶菊（*Parthenium argentatum*）用于制造低过敏性乳胶。此外，菊目这一广泛而多样的植物类别中的许多品种构成我们日常饮食的一部分，如莴苣、苣荬菜和洋蓟。

牛蒡
（*Arctium lappa*）
菊目
原产地：欧洲、亚洲和美洲

金盏花或金毛茛
金盏菊（*Calendula officinalis*）
菊目
原产地：地中海盆地

洋艾
中亚苦蒿（*Artemisia absinthium*）
菊目
原产地：欧洲和亚洲

蓝毛茛
无毛伤愈草
（*Jasione laevis*）
菊目
原产地：欧洲

欧蓍草 Pm
蓍（*Achillea millefolium*）
菊目
原产地：欧洲和亚洲

大刺蓟
大翅蓟（*Onopordum acanthium*）
菊目
原产地：欧洲和亚洲

野刺儿蓟
丝路蓟（*Cirsium arvense*）
菊目
原产地：欧洲

普通雏菊
雏菊（*Bellis perennis*）
菊目
原产地：欧洲、北非和亚洲

母菊
洋甘菊（*Matricaria chamomilla*）
菊目
原产地：世界各地

圆当归
无茎刺苞菊
（*Carlina acaulis*）
菊目
原产地：中欧

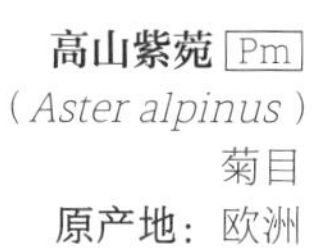

高山紫菀 Pm
（*Aster alpinus*）
菊目
原产地：欧洲

非洲菊
（*Gerbera sp.*）
菊目
原产地：非洲和亚洲

百日菊
（*Zinnia elegans*）
菊目
原产地：墨西哥

山金车 Pm
（*Arnica montana*）
菊目
原产地：欧洲、亚洲和北美洲

除虫菊 A
介菊（*Anacyclus pyrethrum*）
菊目
原产地：地中海盆地和小亚细亚

红花
（*Carthamus tinctorius*）
菊目
原产地：未知

洋蓟
菜蓟（*Cynara scolymus*）
菊目
原产地：西地中海

向日葵 Pm
（*Helianthus annuus*）
菊目
原产地：北美洲和中美洲

菊苣
（*Cichorium intibus*）
菊目
原产地：欧洲

藿香蓟
熊耳草（*Ageratum houstonianum*）
菊目
原产地：阿根廷、巴西和巴拉圭

肉食植物

肉食植物这一名称将属于不同科的植物网罗在一起，这些植物有一个共同的特点：能够长出特殊的结构或通过不同的机制来诱捕和消化小动物，特别是昆虫。这些植物生活在贫瘠土壤中，格外缺乏某些矿物质元素，特别是氮，为了弥补，它们捕获、消化小动物。多肉植物“猎取”猎物的方式因物种而异。方式可以是通过黏性毛发困住昆虫，如茅膏菜；也可以通过一接触就像陷阱一样合上的叶子，如捕蝇草；还可以通过类似带盖子的罐子的结构，不警惕的小虫子被罐子里面的糖汁吸引溜进去，如猪笼草；还可以通过该种植物特有的复杂机械陷阱系统，如狸藻。

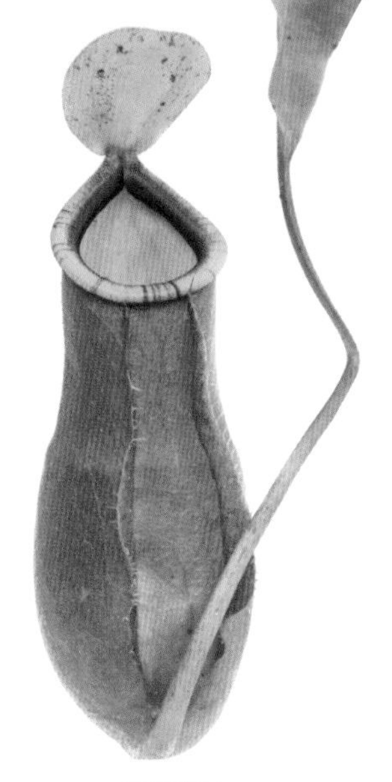

水罐植物
苹果猪笼草（*Nepenthes ampullaria*）
猪笼草目
原产地：东南亚和新几内亚

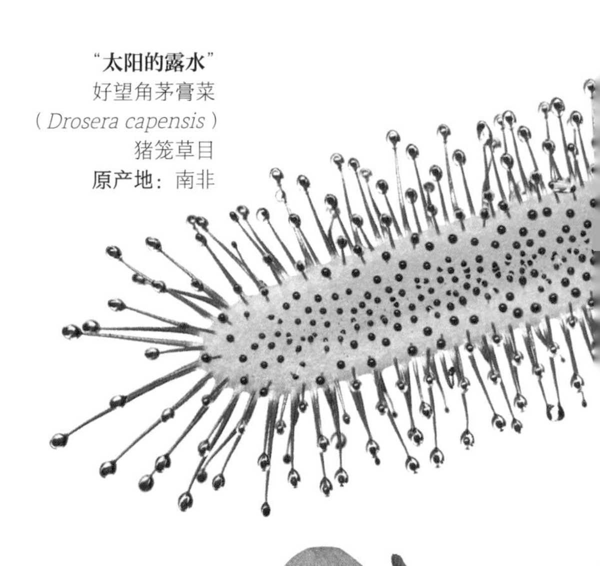

“太阳的露水”
好望角茅膏菜
（*Drosera capensis*）
猪笼草目
原产地：南非

紫花捕虫堇 Pm
（*Pinguicula vulgaris*）
玄参目
原产地：欧洲、加拿大和美国

马鞍花
瓶子草（*Sarracenia purpurea*）
猪笼草目
原产地：加拿大和美国

水香堇
大花捕虫堇
（*Pinguicula grandiflora*）
玄参目
原产地：欧洲

悬崖香堇
墨兰捕虫堇（*Pinguicula moranensis*）
玄参目
原产地：墨西哥和危地马拉

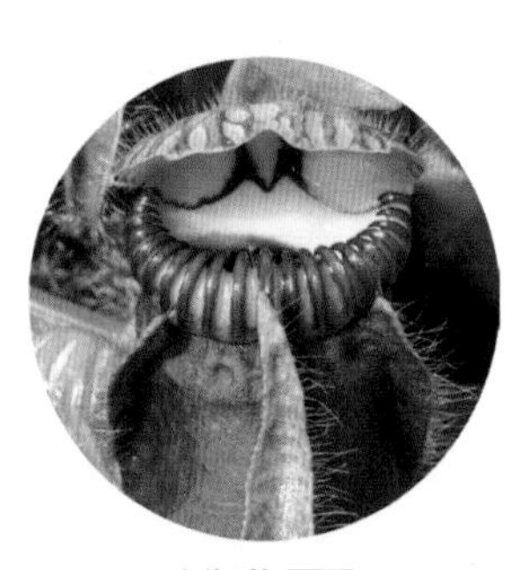

土瓶草 A
（*Cephalotus follicularis*）
蔷薇目
原产地：澳大利亚西南部

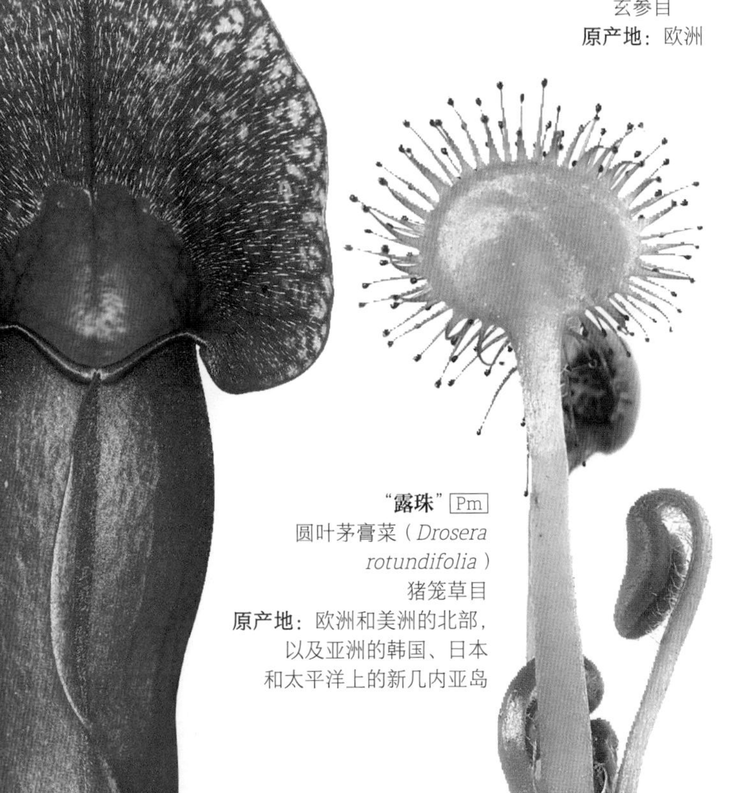

“露珠” Pm
圆叶茅膏菜（*Drosera rotundifolia*）
猪笼草目
原产地：欧洲和美洲的北部，以及亚洲的韩国、日本和太平洋上的新几内亚岛

金星捕蝇草 A
捕蝇草（*Dionaea muscipula*）
猪笼草目
原产地：印度尼西亚、澳大利亚、巴布亚新几内亚

鹦鹉瓶子草 Pm
（*Sarracenia psittacina*）
猪笼草目
原产地：北美洲

猴子杯 A
葫芦猪笼草（*Nepenthes ventricosa*）
猪笼草目
原产地：菲律宾

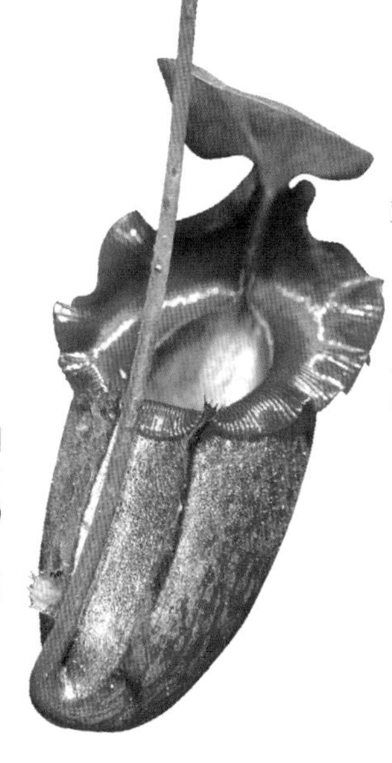

“大罐” Ep
马来王猪笼草（*Nepenthes rajah*）
猪笼草目
原产地：婆罗洲

亚麻花腺毛草 Pm
腺毛草（*Byblis liniflora*）
唇形目
原产地：澳大利亚北部、巴布亚新几内亚和印度尼西亚

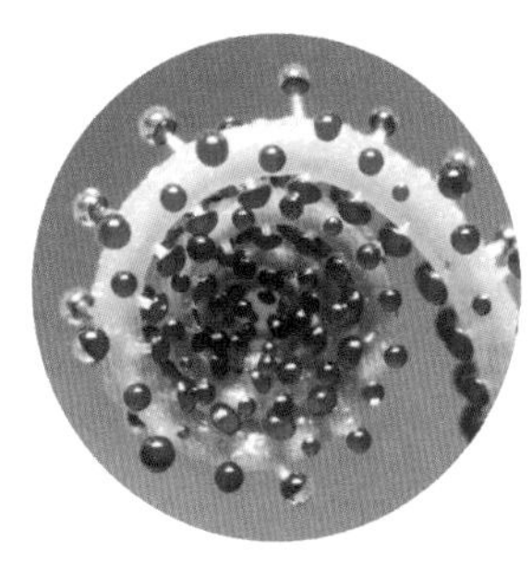

捕蝇草
露松（*Drosophyllum*）
石竹目
原产地：伊比利亚半岛和摩洛哥

狸藻 Pm
（*Utricularia vulgaris*）
玄参目
原产地：除了冰岛、葡萄牙和土耳其（欧洲部分）之外的整个欧洲

条纹挖耳草 Pm
圆叶挖耳草（*Utricularia striatula*）
玄参目
原产地：非洲热带地区至新几内亚

“皮口袋” Pm
奎尔奇狸藻（*Utricularia quelchii*）
玄参目
原产地：圭亚那、委内瑞拉和巴西

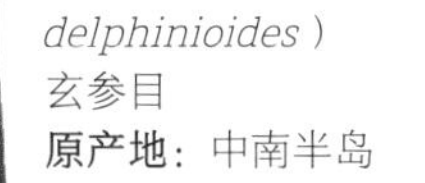

“小瓶”
翠雀狸藻（*Utricularia delphinioides*）
玄参目
原产地：中南半岛

眼镜蛇百合 Pm
眼镜蛇草（*Darlingtonia californica*）
猪笼草目
原产地：美国加利福尼亚州和俄勒冈州

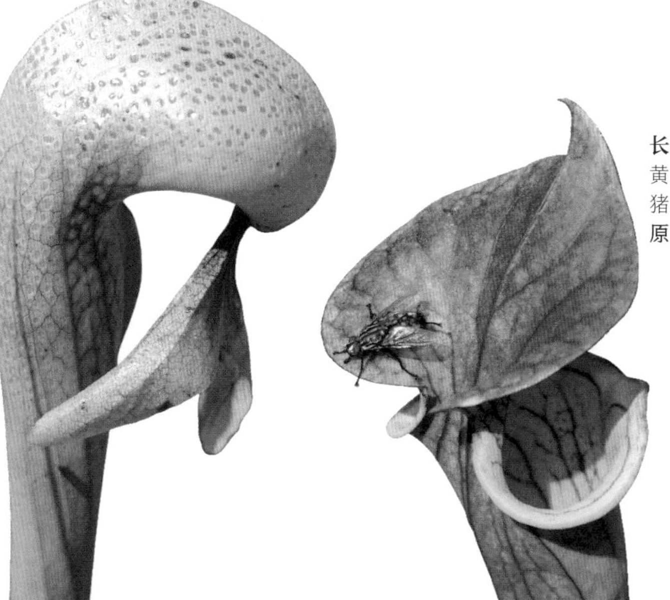

亚拉巴马敞口耳罐 Ep
软瓶子草（*Sarracenia alabamensis*）
猪笼草目
原产地：美国

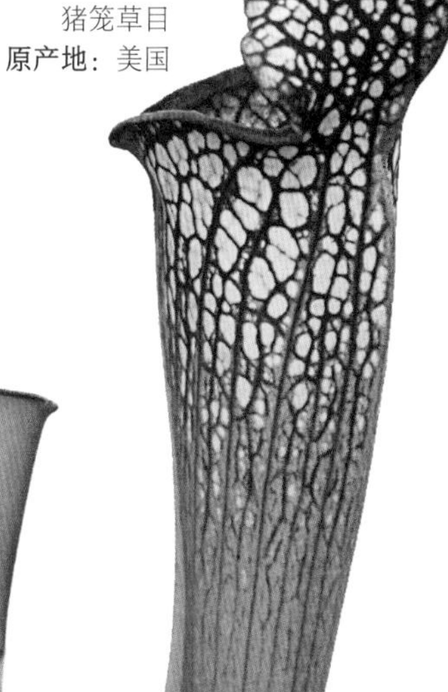

长喇叭草 Pm
黄瓶子草（*Sarracenia flava*）
猪笼草目
原产地：美国

沼泽双耳瓶
小株卷瓶子草（*Heliamphora minor*）
猪笼草目
原产地：委内瑞拉

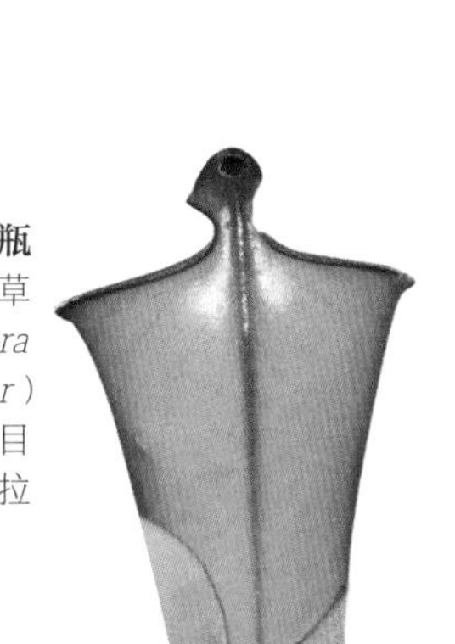

罂粟和毛茛

在双子叶植物各式各样的品种中，大约1.6％是在罂粟目和毛茛目中发现的。罂粟目和毛茛目共有近4500种植物。这些物种中约有一半都属于毛茛目的毛茛科，其中许多都是观赏植物，如耧斗菜属、翠雀属、欧银莲属和铁线莲属。就物种数量而言，第二重要的是罂粟目的罂粟科。著名代表品种就是罂粟。还有一些观赏性植物，如烟堇。在毛茛目的其他科植物中，值得一提的还有足叶草（北美桃儿七，*Podophyllum peltatum*）。这是一种有毒的植物，果实在成熟后才可以适度食用。还有小檗属植物，同样具有观赏性。

白屈菜
（*Chelidonium majus*）
罂粟目
原产地：欧洲和地中海盆地

“圣诞玫瑰”或黑黎芦
暗叶铁筷子
（*Helleborus niger*）
毛茛目
原产地：欧洲中部和小亚细亚

喜马拉雅蓝罂粟花
藿香叶绿绒蒿（*Meconopsis betonicifolia*）
罂粟目
原产地：亚洲

蓟罂粟
（*Argemone mexicana*）
罂粟目
原产地：南美洲

家黑种草
（*Nigella sativa*）
毛茛目
原产地：西亚

欧洲金莲花
（*Trollius europaeus*）
毛茛目
原产地：欧洲和西亚

欧洲银莲花
（*Anemone coronaria*）
毛茛目
原产地：地中海盆地

小檗
欧洲小檗（*Berberis vulgaris*）
毛茛目
原产地：欧洲、西亚和北非

白罂粟
大罂粟（*Romneya coulteri*）
罂粟目
原产地：美国加利福尼亚州及以南地区

虞美人
（*Papaver rhoeas*）
罂粟目
原产地：未知

银莲花
耧斗菜
（*Aquilegia sp.*）
毛茛目
原产地：北半球

鲜黄莲
（*Jeffersonia dubia*）
毛茛目
原产地：中国和韩国

金英花
花菱草（*Eschscholzia californica*）
罂粟目
原产地：美国加利福尼亚及其以南地区

罂粟
（*Papaver somniferum*）
罂粟目
原产地：地中海南部和东部的沿岸地区

银指甲草
血根草（*Sanguinaria canadensis*）
罂粟目
原产地：美国和加拿大

驴蹄草 Pm
（*Caltha palustris*）
毛茛目
原产地：欧洲

足叶草
北美桃儿七
（*Podophyllum peltatum*）
毛茛目
原产地：北美洲

莲花升麻
（*Anemonopsis macrophylla*）
毛茛目
原产地：欧洲

春侧金盏花
（*Adonis vernalis*）
毛茛目
原产地：欧洲、亚洲和北非

“血色红心”
荷包牡丹
（*Lamprocapnos*）
罂粟目
原产地：东亚

铁线莲
（*Clematis sp.*）
毛茛目
原产地：全球温带地区

草甸毛茛
（*Ranunculus repens*）
毛茛目
原产地：欧洲和太平洋西北沿岸地区

冬乌头
冬兔葵（*Eranthis hyemalis*）
毛茛目
原产地：欧洲

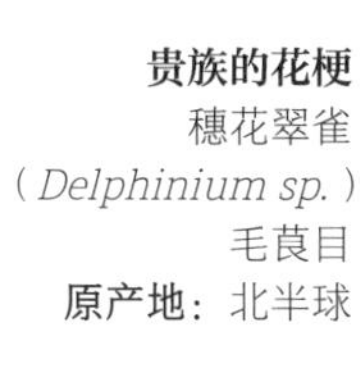

贵族的花梗
穗花翠雀
（*Delphinium sp.*）
毛茛目
原产地：北半球

紫堇
栉苞延胡索
（*Corydalis bracteata*）
罂粟目
原产地：瑞典、俄罗斯和哈萨克斯坦

烟堇
药用烟堇（*Fumaria officinalis*）
罂粟目
原产地：欧洲

钟状花、矮牵牛和烟草

在植物分类学中，茄目植物有五个科。尽管大多数植物都集中在其中的两个科，即旋花科和茄科。尤其是茄科，几乎占了其中的大半部分。具体来说，旋花科包含约650种植物，包括观赏性植物，如虎掌藤属，以及一些在花园中如同杂草一样生长的植物；还包括一种寄生类植物（菟丝子）。至于茄科，首先值得一提的是其巨大的经济价值，因为茄科包含许多可食用的植物品种（马铃薯、番茄、茄子）。随后我们将在第104页和第105页的园艺植物中详细介绍。除了这些物种之外，还有许多其他具有观赏性的物种，如矮牵牛花、蓝英花和所谓的“穷人的兰花”（蛾蝶花）。所有这些植物的一个共同特点在于会产生生物碱，这种生物碱或多或少地存在对人类有害的毒性。

牵牛花
圆叶牵牛（*Ipomoea purpurea*）
茄目
原产地：中美洲

钟状花或喇叭花
田旋花（*Convolvulus arvensis*）
茄目
原产地：欧洲和亚洲温带地区

烟草
（*Nicotiana tabacum*）
茄目
原产地：美洲热带地区

烟草花
（*Nicotiana × sanderae*）
茄目
起源：栽培产生

苦棒
美人襟（*Salpiglossis sinuata*）
茄目
原产地：智利南部

爱之花
茑萝（*Ipomoea quamoclit*）
茄目
原产地：美国热带地区和印度

蝴蝶花或穷人的兰花
杂种蛾蝶花（*Schizanthus × wisetonensis*）
茄目
原产地：阿根廷和智利

好运花
春茄属未定种（*Jaborosa integrifolia*）
茄目
原产地：南美洲

橙黄棱瓶花
（*Juanulloa aurantiaca*）
茄目
原产地：中美洲和南美洲

蓝英花
（*Browallia speciosa*）
茄目
原产地：哥斯达黎加至秘鲁

果酱灌木
扭管花（*Streptosolen jamesonii*）
茄目
原产地：哥伦比亚、委内瑞拉、厄瓜多尔和秘鲁

牙买加美洲苦树
毛茎夜香树（*Cestrum elegans*）
茄目
原产地：墨西哥

"巫师杆"
毒坛茄属未定种（*Latua pubiflora*）
茄目
原产地：智利

杞果
宁夏枸杞（*Lycium barbarum*）
茄目
原产地：中国

矮牵牛花
（*Petunia × hibrida*）
茄目
原产地：南美洲

秘鲁苹果
假酸浆花（*Nicandra physaioides*）
茄目
原产地：秘鲁

灯笼果
（*Physalis peruviana*）
茄目
原产地：南美洲

蓝色龙葵
蓝花茄（*Lycianthes rantonnetii*）
茄目
原产地：南美洲

巴拉圭茉莉花
少花鸳鸯茉莉（*Brunfelsia pauciflora*）
茄目
原产地：巴拉圭

白夜丁香 Pm
（*Cestrum diurnum*）
茄目
原产地：加勒比群岛

旱金莲和银扇草

尽管十字花目包含18科植物，但其中许多科仅有几个物种。植物品种数量最多的是十字花科，这科植物是以花的形状命名的，花瓣呈十字形排列，故称十字花科。十字花科包括许多园艺栽培的植物（卷心菜、水田芥、萝卜）、具有药用价值的植物（家独行菜）和观赏性植物（银扇草和桂竹香）。但十字花目也包含另外一些非常有趣的植物，或是其果实和种子可食用（辣椒、木瓜、辣木）；或是在园艺中有极高用途（旱金莲）；又或是有着与众不同的独特性，如杰里科玫瑰（含生草）。耶利哥玫瑰在其自然栖息地（阿拉伯沙漠）的恶劣极端条件下发展出了一个奇怪的体制：没有水的时候，它的枝条会闭合，显得很干燥；有水的时候，它的枝条会重新舒展开，变成绿色。

刺山柑
山柑（*Capparis spinosa*）
十字花目
原产地：地中海地区

黄木樨草
（*Reseda lutea*）
十字花目
原产地：地中海的欧洲地区

葱芥
（*Alliaria petiolata*）
十字花目
原产地：欧洲和亚洲

普通紫罗兰
紫罗兰（*Matthiola incana*）
十字花目
原产地：南欧

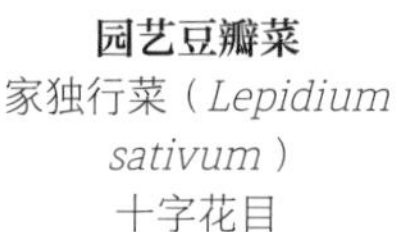

园艺豆瓣菜
家独行菜（*Lepidium sativum*）
十字花目
原产地：埃及和西亚

杰里科的“玫瑰”
含生草（*Anastatica hierochuntica*）
十字花目
原产地：阿拉伯半岛

草原水田芥
草甸碎米荠
（*Cardamine pratensis*）
十字花目
原产地：欧洲和西亚

南庭芥
（*Aubrieta deltoidea*）
十字花目
原产地：欧洲东南部

银扇草
（*Lunaria annua*）
十字花目
原产地：南欧

幻觉树
荒漠辣木
（*Moringa ovalifolia*）
十字花目
原产地：纳米比亚和安哥拉

高山南芥
（*Arabis alpina*）
十字花目
原产地：欧洲、亚洲、北非和北美洲

辣木
（*Moringa oleifera*）
十字花目
原产地：印度北部

波斯岩芥菜
大花岩芥菜
（*Aethionema grandiflorum*）
十字花目
原产地：中东地区

紫花南芥或“岩石夫人”
欧亚香花芥（*Hesperis matronalis*）
十字花目
原产地：欧洲和亚洲

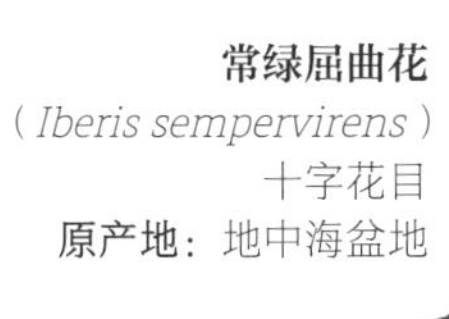

常绿屈曲花
（*Iberis sempervirens*）
十字花目
原产地：地中海盆地

醉蝶花
（*Cleome spinosa*）
十字花目
原产地：南美洲

双盾菜
（*Biscutella didyma*）
十字花目
原产地：地中海盆地

黑芥
（*Brassica nigra*）
十字花目
原产地：西欧和亚洲温带地区

旱金莲
（*Tropaeolum majus*）
十字花目
原产地：美国

木瓜
徒木瓜属未定种（*Vasconcella pubescens*）
十字花目
原产地：南美洲东北部

番木瓜
（*Carica papaya*）
十字花目
原产地：墨西哥和中美洲

黄色桂竹香
桂竹香
（*Cheiranthus cheiri*）
十字花目
原产地：欧洲

单子叶植物

单子叶植物属于被子植物，因此有完整可见的花朵。就所包含的植物物种数量而言，单子叶植物约占所有被子植物总数的22%。在这类植物中，具有代表性的植物有草类植物、棕榈树、丝兰、龙舌兰、水烛、矮扇棕、灯芯草、香蕉树、百合花、郁金香和兰花。单子叶植物还包含许多生活在海洋环境中的高等植物和生活在淡水中的植物。

特点

单子叶植物作为被子植物的亚类，主要特征如下：

- 种子只有一片子叶，通常无法破出表面，也不能作为发芽的营养储备。种子的功能是吸收营养物质。这些营养物质通常蕴藏在种子里面的胚乳组织中。
- 胚胎的胚根长出一个主根，但这个主根很快就无法继续发育，为了满足植物的需要，又出现了一些小根，虽然细小但数量非常多。这种类型的根被称为束状根。
- 每个花轮（花萼、花冠、雄蕊和心皮，或形成雌性生殖部分）一般由三个部分组成，或是三的倍数。这种花又称为三聚体形花。

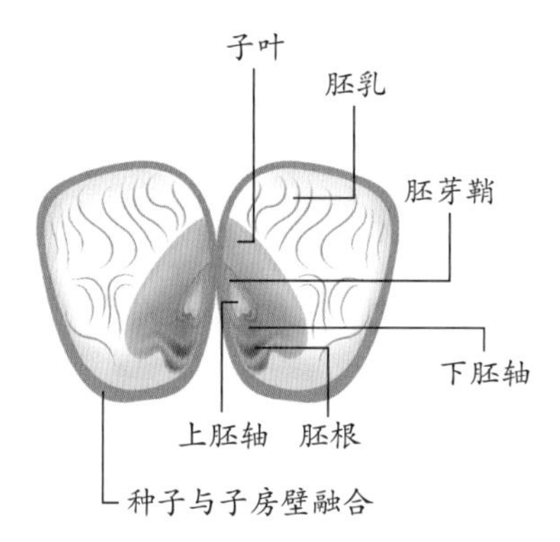

上图中展示了单子叶植物种子的不同部分和结构。

- 叶子的脉络通常是平行的，即叶脉相互平行地分布在叶缘上。座生叶（无叶柄）极为常见，叶鞘包裹着茎，形态呈圆锥体状。
- 单子叶植物有两种类型的树液传导管：木质管，由死细胞形成，将原始树液从根部输送到叶子；韧皮层管，由活细胞形成，将经过处理的树液从叶子输送到植物的其他部分。在单子叶植物中，这些管束分布在整个茎中。
- 单子叶植物没有真正的二次生长，即无法增加植物的厚度，因为它不具备增长植物厚度的组织——维管层。在一些物种中，茎部通过其他机制增厚。
- 花粉粒通常有单一的褶皱或沟槽，又被称为单沟粒。

在单子叶植物中，人们通常无法区分花萼和花冠，因为花瓣和萼片具有相同的形状和颜色，如百合。

单子叶植物萌芽的过程

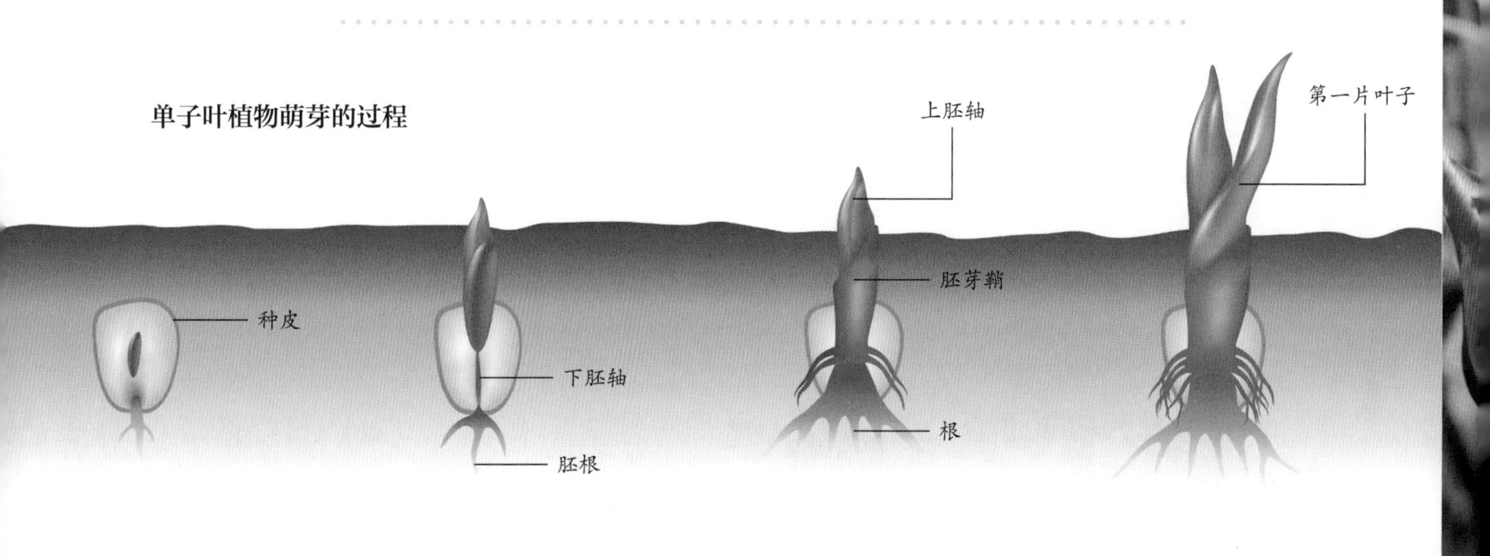

植物的运动

植物生长的强度和速度由一些内部因素决定，这些因素几乎总是由遗传决定的，有的时候也会受外部因素影响，包括光照强度、温度范围、氧气和水分的充分程度，以及营养物质的丰盈程度等。

为了达到这些因素和其他因素综合下的最佳条件，植物发展出了一定的运动能力。这种运动能力不同于动物，基本可以分为两种：

- 向性运动，是一种受环境因素刺激而向某特定方向生长的现象。如果刺激是重力，这种运动被称为向地性。当生长沿着根刺激的方向时为正；当生长沿着茎刺激的方向时为负。如果刺激是光，这种运动则被称为向光性。也就是说，这种运动在茎部是正向的，在根部则是负向的。
- 感性运动，是由刺激引起的运动，不影响特定方向的增长。例如，光敏性依赖于光的强度，热性依赖于温度。

分类	
类别：	单子叶植物
亚类数量：	11
目的数量：	45
种的数量：	超过6万

棕榈树

棕榈树属于棕榈目。棕榈目包括约200个属和近2800个物种。棕榈目植物都有一个木质化的茎，这对单子叶植物来说是极为不寻常的。然而，这种“木质化”并不是因为有真正的二次生长，而是有细胞有木质化壁组织的增长发育。棕榈树常常以乔木或灌木的形式生长（有些棕榈树可以达到30米高），主要生长在湿度较大的热带和亚热带地区。当然，也有例外，比如原产于温带的棕榈树（欧洲矮棕），以及在沙漠环境中生存的海枣树。一些棕榈树的果实可以食用，如椰枣树和椰子树的果实，一些棕榈树的果实则可入药，如槟榔。此外，有一种极具代表性的棕榈树植物，它有着世界上最大的种子，即海椰子，其重量可高达20千克。

唐棕榈
棕榈
（*Trachycarpus fortunei*）
棕榈目
原产地：中国中部和东部

椰子树 Pm
（*Cocos nucifera*）
棕榈目
原产地：加勒比海、印度和太平洋的沿岸

海枣树
（*Phoenix dactylifera*）
棕榈目
原产地：中东地区

海椰子 Ep
巨子棕
（*Lodoicea maldivica*）
棕榈目
原产地：塞舌尔和毛里求斯

蛇皮果
（*Salacca zalacca*）
棕榈目
原产地：苏门答腊岛和爪哇岛

刺棒棕
（*Bactris gasipae*）
棕榈目
原产地：美洲热带和亚热带地区

塞内加尔椰枣树 Pm
折叶刺葵（*Phoenix reclinata*）
棕榈目
原产地：非洲热带地区、马达加斯加、科摩罗群岛和西亚阿拉伯半岛

皇家椰枣树 Pm
大王椰（*Roystonea regia*）
棕榈目
原产地：美国佛罗里达州南部、墨西哥、伯利兹、洪都拉斯、古巴、波多黎各、巴哈马和开曼群岛

巴尔米拉椰枣树 Ep
糖棕（*Borassus flabellifer*）
棕榈目
原产地：东南亚和美拉尼西亚

扇叶矮棕 Pm
比利蜡棕（*Copernicia baileyana*）
棕榈目
原产地：古巴东部和中部

避风椰枣树
长舌蜡棕
（*Copernicia macroglossa*）
棕榈目
原产地：古巴

蜜糖棕榈
砂糖椰子（*Arenga pinnata*）
棕榈目
原产地：亚洲热带地区

莫里奇棕榈 A
湿地棕（*Mauritia flexuosa*）
棕榈目
原产地：南美洲北部和中部

油椰或非洲油棕 Pm
油棕（*Elaeis guineensis*）
棕榈目
原产地：西非

科尔棕榈
南方蒲葵（*Livistona australis*）
棕榈目
原产地：澳大利亚

棕榈树或矮棕榈树 Pm
矮棕（*Chamaerops humilis*）
棕榈目
原产地：南欧和北非

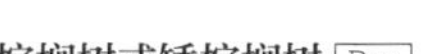

巴卡巴酒果椰
（*Oenocarpus bacaba*）
棕榈目
原产地：亚马孙地区

槟榔
（*Areca catechu*）
棕榈目
原产地：亚洲和大洋洲

加那利海枣 Pm
（*Phoenix canariensis*）
棕榈目
原产地：加那利群岛

智利棕榈或蜂蜜棕榈 V
智利椰子（*Jubaea chilensis*）
棕榈目
原产地：南美洲西南部

阿扎伊或阿萨伊椰枣
菜椰（*Euterpe oleracea*）
棕榈目
原产地：亚马孙地区

椰枣树

海枣

（*Phoenix dactylifera*）

目：棕榈目

科：棕榈科

早在建立著名的空中花园之前，古巴比伦国王就已经设计出了小长方形的花园地块，为周围平坦、干燥的景观增添了一抹绿色。而在这些花园之中，椰枣树是女王，在她的树荫下庇护着其他较小的植物。从彼时起，这种棕榈树的美丽一直引诱着不同的文明，它甜美的果实也是一种不同寻常的食物资源。正如一句古老的阿拉伯谚语所说：骆驼进入布满椰枣树的绿洲后，一定会驮着满满的背篓从里面出来。时至今日，椰枣树仍未失去其作为重要资源的特性。从生态学的角度来看，椰枣树是炎热的气候、沙地和半沙漠生态系统的一个基本要素。

叶子

椰枣树的叶子在树干的顶端，形成一圈茂密紧凑的树冠。

果实

椰枣树的果实是橙色的，呈浆果状。大小在3～9厘米。这种果实在叶子的根部呈簇状生长。

高度

椰枣树的树干又高又纤细，很少分叉，高度一般可以达到30米。

外观

椰枣树有着细长的树干（20～50米），树干是唯一的，底部常常被新芽包围着。叶子很有韧性，坚硬呈革质，长1.5～5米。树叶的颜色是灰绿色或蓝绿色。花朵在叶间生长，被椰枣树的枝丫分成好几组，被一个带有两片棕色小叶的苞片保护着。这种棕榈树是雌雄异株的物种，也就是说既有雄蕊又有雌蕊。由于它的这种特性，在种植时，人们通常会把一棵雄性椰枣树种在几棵雌性树之间。这种椰枣树的果实，即椰枣，又称海枣，呈长圆形，肉质，新生的椰枣呈橙色；熟透时，它的颜色会变深，甜度也会增加。

分布

椰枣树的原产地是中东的干旱或半沙漠地区，常常集中生长在绿洲和河岸边，因为椰枣树需要湿度较高的生长环境。椰枣树的栽培几乎可以追溯到6000年前，现在从地中海盆地南部到巴基斯坦海岸都生长着椰枣树。然而椰枣树一般不会在海拔300米以上的地区生长，因为它不耐霜冻。

糖类占椰枣营养成分的80%。除此之外，椰枣还有蛋白质、纤维和微量元素，如钾、锰和维生素C。

椰枣，一种甜美的水果

椰枣无疑是椰枣树的主要价值来源，但却并不是唯一的。事实上，椰枣树全身的所有部分都对人类有用。椰枣除了在成熟和干燥后直接食用外，还被用来制作糖浆和烈酒。椰枣树干燥的叶子可以用于编织绳索、制作垫子和各种物品；在西班牙，这些叶子经过特殊的漂白处理，可以制作成人们在棕枝主日（基督教节日之一，编者注）所用的棕榈叶子。椰枣树树干可以生产建筑用的木板。如果适当地抽取树汁，可以得到一种甘甜的乳汁，用这种乳汁发酵，就可以生产出一种名为“莱格比（leghbi）”的饮料。此外，这种椰枣树还可以作为观赏性树种进行栽培。

花朵

椰枣树的花，其雄蕊是乳白色的，依照直立花序生长。雌蕊是黄绿色的，但随着花朵的成熟和结果，它花蕊会变色，花序下垂。

叶柄

叶子的叶柄部分连接着树干，在叶子枯萎后仍然附着在树干上。由于树干被老叶子的残骸所覆盖，所以这种树的外观极具特点。

叶子

每片叶子由许多小叶子组成，长度在10～80厘米，在叶片的终点结束。这些叶子像羽毛的羽枝一样出现在树枝主干的两侧，因此这种类型的叶子又被称为羽状叶。

埃尔切的椰枣树林

埃尔切的棕榈园拥有超过20万棕榈树（主要是椰枣树），是欧洲最大的棕榈园。这个棕榈园是穆斯林在伊比利亚半岛定居时种植的，2000年，它被列入联合国教科文组织世界遗产名录。

芦苇和灯芯草

超过1.8万个植物物种组成了禾本目。就禾本目植物的外观而言，禾本目无疑是一个高度多样的群体。这些物种通过遗传性特征联系在一起。在禾本目中，我们认为包含有谷物、竹子和另外一些植物。由于这些植物的经济价值不一，我们将在后续内容中详细介绍。还有我们通常称作芦苇或芦竹（禾本科）的植物，如宽叶香蒲、炸糕灯芯草（多年前用于串起灯芯草）以及纸莎草（茎在古埃及被用作笔杆）。最后一点，禾本目还包含许多与前面所讲的植物非常不同的植物，如凤梨或菠萝所属的凤梨科植物，以及众多作为观赏植物栽培而闻名的物种，如鸟巢凤梨、星花凤梨和美叶光萼荷等。

星花凤梨 Pm
（*Guzmania lingulata*）
禾本目
原产地：美洲热带地区

玉米叶翠凤草 Pm
（*Pitcairnia maidifolia*）
禾本目
原产地：中美洲和南美洲北部

皇家灯芯草 Pm
香附子（*Cyperus rotundus*）
禾本目
原产地：温带和热带地区

火焰剑或“印度笔”
虎纹凤梨（*Vriesea splendens*）
禾本目
原产地：委内瑞拉和圭亚那

绚丽的灯芯草 Pm
花蔺（*Butomus umbellatus*）
禾本目
原产地：欧洲和亚洲的温带地区

雪白灯芯草
白穗地杨梅（*Luzula nivea*）
禾本目
原产地：欧洲西南部和中部

铁兰 cA
（*Tillandsia cyanea*）
禾本目
原产地：厄瓜多尔

野席草 Pm
灯芯草（*Juncus effusus*）
禾本目
原产地：全球

直立黑三棱 Pm
（*Sparganium erectum*）
禾本目
原产地：北半球的温带地区

具头空气凤梨 Pm
（*Tillandsia capitata*）
禾本目
原产地：中美洲和安的列斯群岛

德国菝葜
沙生薹草（*Carex arenaria*）
禾本目
原产地：西欧、北非和美洲

鸟巢凤梨
（*Nidularium sp.*）
禾本目
原产地：巴西雨林

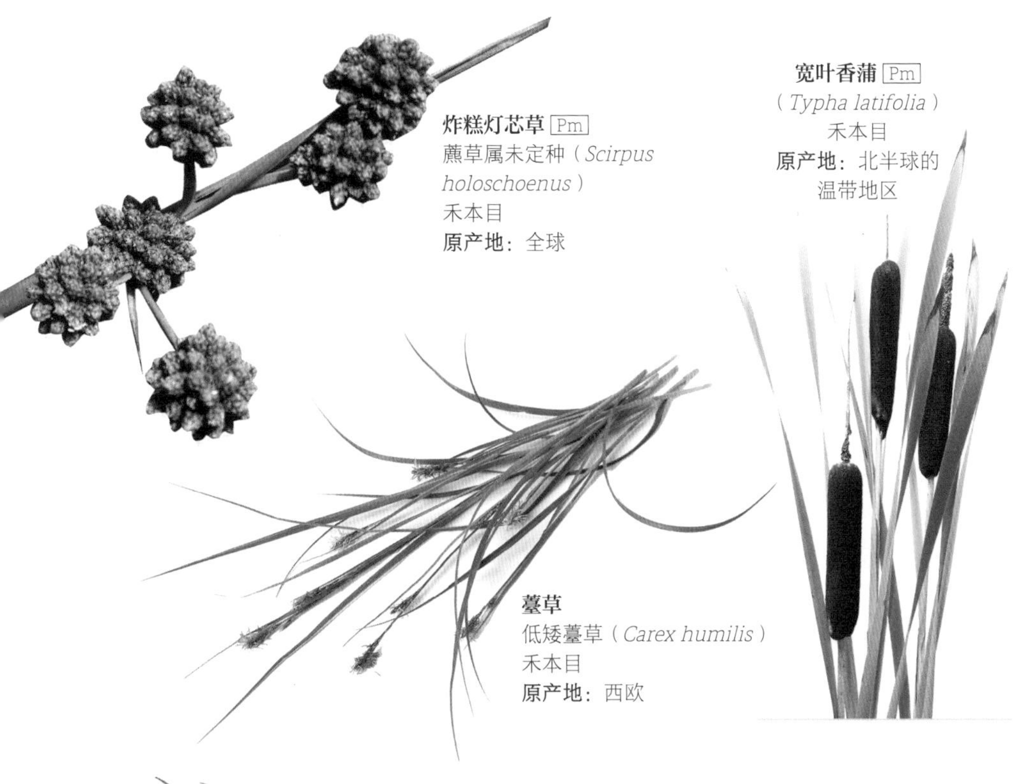

宽叶香蒲 Pm
（*Typha latifolia*）
禾本目
原产地：北半球的温带地区

炸糕灯芯草 Pm
藨草属未定种（*Scirpus holoschoenus*）
禾本目
原产地：全球

薹草
低矮薹草（*Carex humilis*）
禾本目
原产地：西欧

姜眼草
（*Orectanthe sceptrum*）
禾本目
原产地：南美洲北部

马尾草
好望角竹灯草（*Elegia capensis*）
禾本目
原产地：南非

菠萝
凤梨（*Ananas comosus*）
禾本目
原产地：南美洲

美叶光萼荷
（*Aechmea fasciata*）
禾本目
原产地：墨西哥至南美洲南部

纸莎草 Pm
（*Cyperus papyrus*）
禾本目
原产地：地中海盆地

草类植物

草类植物（禾本科）是一个数量非常大的物种群体。从经济角度来看，它们尤为重要。事实上，草类植物包含了许多人类食物基础作物，如小麦、玉米和水稻等作物，都属于禾本科。还包括燕麦、大麦、黑麦、高粱、甘蔗和归入芦竹属的众多物种。这类植物还被用作牲畜饲料，生产糖和油，并且在发酵后，是制作啤酒、威士忌和清酒等酒精饮料的原料。草类植物一般是草本植物，分布在世界各地，即在世界任何地方都可以找到草类植物。此外，草类植物可以适应所有的生存环境，从湿地到高山地区，从沙漠到热带环境。这无疑是植物在进化方面的伟大成就之一。

黑麦草
（*Lolium perenne*）
禾本目
原产地：欧洲和北非

芦苇 Pm
（*Phragmites australis*）
禾本目
原产地：全球

高粱
（*Sorghum bicolor*）
禾本目
原产地：东非

虉草
加那利虉草（*Phalaris canariensis*）
禾本目
原产地：地中海地区

星空草
洋狗尾草（*Cynosurus echinatus*）
禾本目
原产地：美国

罗马草
细虉草（*Phalaris minor*）
禾本目
原产地：欧洲和北非

草地芦竹
梯牧草（*Phleum pratense*）
禾本目
原产地：欧洲的温带地区

狗尾草
（*Setaria viridis*）
禾本目
原产地：欧洲和亚洲

竹子
桂竹
（*Phyllostachys Bambusoideas*）
禾本目
原产地：亚洲、美洲、非洲和大洋洲

潘帕斯草原之草
蒲苇（*Cortaderia selloana*）
禾本目
原产地：潘帕斯草原和巴塔哥尼亚

普通芦竹 Pm
芦竹（*Arundo donax*）
禾本目
原产地：亚洲

普通狗牙草
狗牙根（*Cynodon dactylon*）
禾本目
原产地：南欧和北非

威士忌草 Pm
弗吉尼亚芒草（*Andropogon virginicus*）
禾本目
原产地：美国东部

燕麦
（*Avena sativa*）
禾本目
原产地：中亚

水稻
稻（*Oryza sativa*）
禾本目
原产地：亚洲

小麦
（*Triticum vulgare*）
禾本目
原产地：古代美索不达米亚

大麦
（*Hordeum vulgare*）
禾本目
原产地：中东地区

黑麦
（*Secale cereale*）
禾本目
原产地：叙利亚北部

玉米
（*Zea mays*）
禾本目
原产地：墨西哥中部

大凌风草
（*Briza maxima*）
禾本目
原产地：北半球的温带地区

雀麦
旱雀麦（*Bromus tectorum*）
禾本目
原产地：欧洲、北非和亚洲

早熟禾
草地早熟禾（*Poa pratensis*）
禾本目
原产地：欧洲、亚洲北部以及非洲阿尔及利亚和摩洛哥的山区

北海燕麦
宽叶林燕麦（*Secale cereale*）
禾本目
原产地：美国中部和东部

香蕉和相关植物

姜目包含2000多种植物，大多分布于热带地区，这些植物都基本上为人们所熟知。姜目植物通常是多年生草本植物，有一个类似根茎的地下茎。一些物种，如香蕉树，长出粗大的气生茎，与棕榈树一样，不是真正的树干。大多数姜目植物都有非常大的叶子，以便尽可能多地捕捉光线，如旅行者之树，因为在热带森林中，树层下光线不足。除香蕉树外，这组植物还包括其他可作为食品调味品或具有药用价值的植物，如姜、红豆蔻、姜黄和豆蔻，以及作为观赏植物栽培的众多物种，如别具异国情调的鹤望兰、蝎尾蕉和绿羽竹芋。

“鹦鹉嘴”
金嘴蝎尾蕉（*Heliconia rostrata*）
姜目
原产地：美洲热带地区

香蕉树
大蕉（*Musa paradisiaca*）
姜目
原产地：印度——马来亚地区

黑豆蔻
香豆蔻（*Amomum subulatum*）
姜目
原产地：尼泊尔至中国中部

绿羽竹芋
（*Calathea majestica*）
姜目
原产地：南美洲

苞冬
尖苞柊叶（*Phrynium placentarium*）
姜目
原产地：亚洲

姜
（*Zingiber officinale*）
姜目
原产地：印度

舞花姜
舞花姜属（*Globba sp.*）
姜目
原产地：东南亚

绿豆蔻
（*Elettaria cardamomum*）
姜目
原产地：东南亚

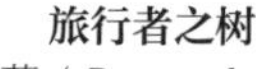

穗花闭鞘姜
穗花宝塔姜（*Costus spicatus*）
姜目
原产地：加勒比地区

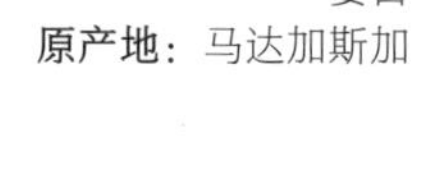

旅行者之树
旅人蕉（*Ravenala madagascariensis*）
姜目
原产地：马达加斯加

闭鞘姜
（*Cheilocostus speciosus*）
姜目
原产地：东南亚

豹纹竹芋
（*Maranta leuconeura*）
姜目
原产地：巴西

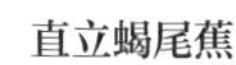

直立蝎尾蕉
（*Heliconia stricta*）
姜目
原产地：南美洲

金色画笔
短唇姜（*Burbidgea scheizocheila*）
姜目
原产地：婆罗洲

姜芋
美人蕉（*Canna indica*）
姜目
原产地：南美洲

红豆蔻
（*Alpinia galanga*）
姜目
原产地：南亚和印度尼西亚

垂花水竹芋
（*Talia geniculata*）
姜目
原产地：美洲热带和亚热带地区

比海蝎尾蕉
（*Heliconia bihai*）
姜目
原产地：亚马孙地区和加勒比地区

“皇帝手杖”
火炬姜（*Etlingera elatior*）
姜目
原产地：印度尼西亚

豆蔻或天堂谷物
椒蔻（*Aframomum melegueta*）
姜目
原产地：西非

紫背竹芋
（*Stromanthe sanguinea*）
姜目
原产地：巴西

天堂鸟
鹤望兰（*Strelitzia reginae*）
姜目
原产地：南非

姜黄
（*Curcuma longa*）
姜目
原产地：印度西南部

红花美人蕉
（*Canna coccinea*）
姜目
原产地：南美洲

香蕉树

芭蕉属（*Musa sp.*）

目：姜目

科：芭蕉科

香蕉是世界上消费最广泛的水果之一，仅次于葡萄、柑橘类水果和苹果，也是继小麦、水稻和玉米之后第四大种植作物。香蕉生长在130多个国家的热带或亚热带气候区，旱季不超过三个月。与众所周知的种植条件相比，生产这种水果的植物分类非常复杂。其中有大量自然杂交和人工选择产生的混合品种。

高度

香蕉树通常高约6米，也有一些物种和杂交品种可以达到15米。

叶子

香蕉树的叶大、简单、完整。叶子的长度可以达到6米，宽度可以达到1米。

假树干

尽管表面上看，香蕉树不是一种木本植物，而是一种草本植物，它有着由交织的叶鞘形成的假树干。

果实

香蕉形状细长，周围有厚皮。在部分品种中，香蕉是无籽的。

难以混淆的外观

香蕉树这种植物的物理特征非常明显，很难与任何其他植物混淆。它是一种生长非常迅速的多年生草本植物。叶子很大，一段时间后，经常被风撕碎。这些叶子的基部或叶鞘相互交织在一起，形成一个假的树干，而真正的树干在地下，呈根茎状。花朵会出现在一个下垂的穗状花序的末端，被宽大的红紫色苞片保护。成熟时，花朵会发育成一组果实，即香蕉。

分布

香蕉树这种植物的原始栖息地是印度-马来半岛区的热带森林。目前大约有100个物种是通过两个野生物种（园蕉和野蕉）的进化和杂交机制产生的。甚至在公元前，这种植物的种植就从印度洋的一个岛屿传播到另一个岛屿。阿拉伯商人将其传播到非洲，葡萄牙水手在1510年左右将其引入加那利群岛，六年后它从那里被传播到中美洲和南美洲。在美洲大陆上，它的传播如此壮观，以至于今天美洲大部分地区都有香蕉种植地。

经济重要性

就香蕉树的经济价值而言，最重要的无疑是它的果实。这种果实能量丰富，含有大量的钾、镁、锰、维生素B_2、维生素B_6和维生素B_9、纤维以及天然糖类。香蕉和大蕉可以生吃、熟吃、油炸或烤着吃，这取决于具体的品种和地理区域。它们还可以被用来制作面粉、水果干和酒精饮料。

香蕉树开花及其果实的细节图片。

作为观赏植物栽培的两种香蕉：左边是粉色香蕉（*M. velutina*），其果实也可食用，右边是猩红色车香蕉（*M. coccinea*）。

图为阿巴卡或马尼拉麻的纤维，用原产于菲律宾的马尼拉麻蕉制成，这种纤维非常坚固且耐用。常被用于制作垫子、帽子、高质量的纸张和绳索。

从左到右：普通香蕉（*M. paradisica*），红色或马来亚香蕉（*M. acuminata*）和公蕉（*M. balbisiana*）。

日本香蕉（*M. basjoo*）产生的纤维，在日本可以用于生产被称为“香蕉布”的纺织品。

鹤蕊花、水葫芦和相关植物

鸭跖草目约有812种，形态差异很大，分属于近70个属。鸭跖草科植物以鸭跖草的名字命名，由草本植物组成，有时为肉质植物，生长在除欧洲以外世界上所有温带和热带地区。其中有许多具有观赏价值的物种，如紫竹梅、吊竹梅等，属于紫露草属。而血草科的成员，如所谓的马尾草（鸠尾花），原产于炎热、干燥的热带地区。

百合目约有1445种，分属于63个属。来自东南亚和澳大利亚的钵子草科和田葱科的植物则有溪谷百合（林葱属未定种）。百合目中的雨久花科，由水生或湿地植物组成，如水葫芦（凤眼莲属）和凤仙花。百合目的植物众多，后续将具体介绍。

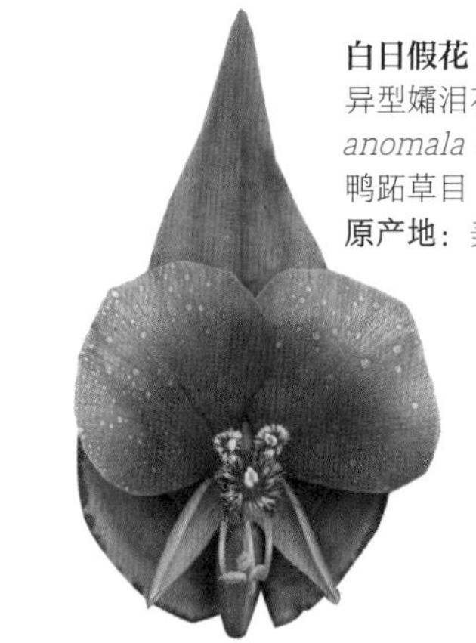

白日假花
异型孀泪花（*Tinantia anomala*）
鸭跖草目
原产地：美国得克萨斯州

折扇草
（*Wachendorfa paniculata*）
百合目
原产地：南非

大叶锦竹草
香锦竹草（*Callisia fragans*）
鸭跖草目
原产地：墨西哥

“男人的爱”
紫竹梅（*Tradescantia pallida*）
鸭跖草目
原产地：墨西哥东部

鹤蕊花
（*Cochliostema odoratissimum*）
鸭跖草目
原产地：尼加拉瓜至厄瓜多尔

蛛丝毛蓝耳草
（*Cyanotis arachnoidea*）
鸭跖草目
原产地：中国

多刺沼泽马利筋
锥柱草属未定种
（*Conostylis setigera*）
百合目
原产地：澳大利亚西南部

伞血草
（*Dilatris corymbosa*）
百合目
原产地：南非

圣卢西亚之花
（*Tripogandra diuretica*）
鸭跖草目
原产地：阿根廷

梭鱼草 Pm
（*Pontederia cordata*）
百合目
原产地：美国

水葫芦
凤蓝眼（*Eichhornia crassipes*）
百合目
原产地：南美洲的温带地区

黑袋鼠爪
（*Macropidia fuliginosa*）
百合目
原产地：澳大利亚西部

锦竹草
（*Callisia repens*）
鸭跖草目
原产地：中美洲和南美洲

白日花 Pm
蓝耳草属未定种
（*Cyanotis fasciculata*）
鸭跖草目
原产地：亚洲

蓝姜花
蓝姜（*Dichorisandra thyrsiflora*）
鸭跖草目
原产地：美国的热带地区

彩杜若
（*Palisota mannii*）
鸭跖草目
原产地：尼日利亚到坦桑尼亚

杜若
（*Pollia japonica*）
鸭跖草目
原产地：东亚

溪谷百合
林葱属未定种
（*Helmholtzia glaberrima*）
百合目
原产地：澳大利亚

淡红袋鼠爪
（*Anigozanthos rufus*）
百合目
原产地：西澳大利亚

水竹草
吊竹梅（*Tradescantia zebrina*）
鸭跖草目
原产地：美国东南部和墨西哥

雨久花 Pm
鸭舌草（*Monochoria vaginalis*）
百合目
原产地：亚洲和太平洋岛屿

雅之草
鸭跖草（*Commelina communis*）
鸭跖草目
原产地：中国

马尾花
鸠尾花（*Xiphidium caeruleum*）
百合目
原产地：墨西哥和美洲热带地区

兰花

与玫瑰一样，兰科是最著名且最受欢迎的科之一，也是物种最丰富的科，有2.5万～3万种，另外还必须加上更多的杂交品种（大约6万个），这些品种都是人们在养殖兰花过程中获得的。所有这些植物的最大特点是其花朵的复杂性和美观性。这些植物都有一个中心片和与之相契合的花瓣。至于这些花朵的大小，则有很大的差异，从15～20厘米长的美丽卡特兰和维纳斯拖鞋兰（兜兰属）到几毫米长的树精兰属植物。除此之外，还有巨大的高箬叶兰（*Sobralia altissima*），其花朵长度可超过75厘米。同样的多样性也存在于花朵的颜色和香味中。兰花具有适应所有环境的强大能力，尽管它们在亚热带地区最为丰富，但除了沙漠或极地气候的地方，它们几乎在世界任何地方都能生长。

女士拖鞋兰
苏氏兜兰（*Paphiopedilum sukhakulii*）
天门冬目
原产地：泰国东北部

绿维纳斯拖鞋兰 Cr
魔帝兜兰（*Paphiopedilum maudiae*）
天门冬目
原产地：泰国及加里曼丹岛

紫维纳斯拖鞋兰
酒红色魔帝兜兰
（*Paphiopedilum maudiae vinicolor*）
天门冬目
原产地：东南亚

普通斑驳兰花
紫斑掌裂兰
（*Dactylorhiza fuchsii*）
天门冬目
原产地：欧洲

红色美洲兜兰
美洲兜兰与兜兰的杂交品种
天门冬目
原产地：不详

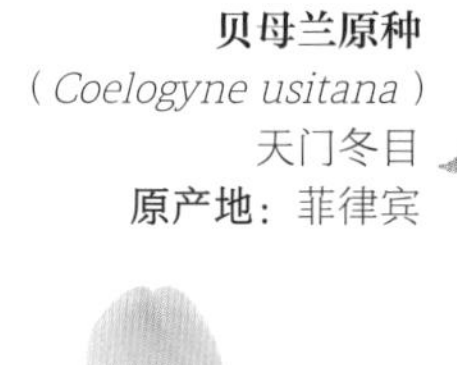

贝母兰原种
（*Coelogyne usitana*）
天门冬目
原产地：菲律宾

香荚兰 Ep
（*Vanilla planifolia*）
天门冬目
原产地：墨西哥和中美洲

船兰
兰属（*Cymbidium sp.*）
天门冬目
原产地：亚洲

"帕普斯之王" Cr
国王兜兰
（*Paphiopedilum rothschildianum*）
天门冬目
原产地：加里曼丹岛

女士斑驳拖鞋兰 Pm
紫点杓兰（*Cypripedium guttatum*）
天门冬目
原产地：从俄罗斯到韩国

贝母兰 Ep
（*Coelogyne cristata*）
天门冬目
原产地：喜马拉雅山脚下

精美的女士拖鞋兰 Ep
巨瓣兜兰（*Paphiopedilum bellatulum*）
天门冬目
原产地：中国、印度、缅甸和泰国

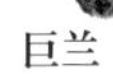

小拖鞋兰 Pm
杓兰（*Cypripedium calceolus*）
天门冬目
原产地：欧洲和亚洲

巨兰
斑被兰（*Grammatophyllum speciosum*）
天门冬目
原产地：缅甸、泰国、越南、印度尼西亚和斐济群岛

石斛
（*Dendrobium nobile*）
天门冬目
原产地：亚洲和夏威夷群岛

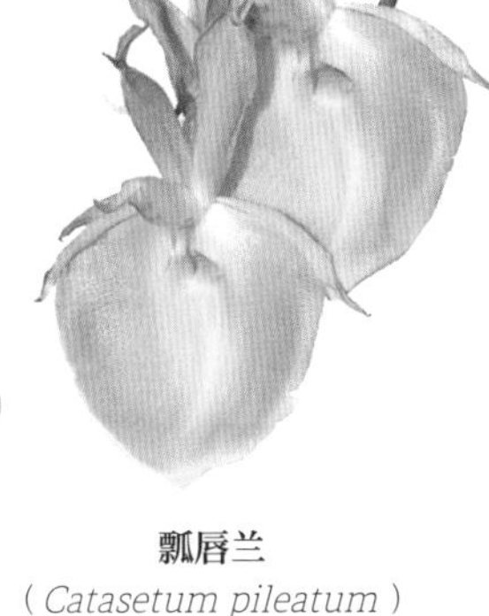

黑兰花
手参属未定种
（*Gymnadenia nigra*）
天门冬目
原产地：欧洲

角锥兰
倒距兰（*Anacamptis pyramidalis*）
天门冬目
原产地：欧洲南部和中部

分裂拖鞋兰
美洲兜兰属未定种
（*Phragmipedium peruflora*）
天门冬目
原产地：不详

蝴蝶兰
蝴蝶兰属
（*Phalaenopsis sp.*）
天门冬目
原产地：东南亚

瓢唇兰
（*Catasetum pileatum*）
天门冬目
原产地：委内瑞拉、哥伦比亚和厄瓜多尔

维纳斯拖鞋兰 Cr
德氏兜兰
（*Paphiopedilum delenatii*）
天门冬目
原产地：越南南部

独蒜兰
（*Pleione tongariro*）
天门冬目
原产地：中国西藏

肯塔基州杓兰 A
（*Cypripedium kentuckiense*）
天门冬目
原产地：美国中部

角蜂眉兰

土蜂兰

（*Ophrys speculum*）

目：天门冬目

科：兰科

与同科其他兰花不同的是，角蜂眉兰通过一种奇特的方式确保其授粉与生存。为了做到这一点，角蜂眉兰改变其花朵的形状和颜色，变得与授粉昆虫的雌性也就是雌性黄蜂的外形相似。此外，雌蕊还会产生一种类似于发情期雌鸟的香味。有了这个巧妙而狡猾的“陷阱”，任何雄性昆虫都试图接近雌蕊，妄图与“雌性昆虫”交配，它的头部和腹部会装满花粉粒，当雄性昆虫接近另一朵雌蕊并再次试试运气时，它就会把这些花粉粒带到雌蕊身边。

花茎

花茎通常高20～30厘米，可以开2～10朵花。

繁殖

每个花朵可以产生大约1.2万个种子。

萼片

花朵有三个萼片：两个大小相同的侧翼，一个中央的萼片略微向前翻。

花瓣

花瓣长度在13～18毫米，分为三个部分，中央的比侧面的大得多。

难以混淆的花

角蜂眉兰的花瓣非常引人注目，它有一片大圆形花瓣，花瓣中央有一个反射点，像镜子一样，有闪亮的金属蓝色。反射点下的斑点，其边缘呈黄色，有一圈密集的黑色或棕色的毛，位于上翻的边缘。这个中央花瓣伴有一片侧面的花瓣，或多或少有些宽，靠近底部生长。这些花每2～6朵为一组，随着春天的到来而开放。

生命周期

兰花是从一个地下块状茎中生长出来的，块状茎呈球形。在夏末或秋初，表面长出长圆状披针形的莲座，伴有蓝绿色的叶子。同时，一个新的、小的、胀大而光滑的块状茎也开始发育，取代原有的茎，到了春天，茎上长出约30厘米的花茎。随着花朵的生长，叶子开始枯萎，当花朵随着夏天的到来而消失时，地上就没有植物的痕迹了，但是花朵的地下块状茎仍然活着。

其他蜂兰属植物

角蜂眉兰生长在欧洲大部分地区和地中海地区的草地和草丛中，它并不是唯一利用花进行“欺骗”（模仿特定昆虫种类的身体和气味）的植物。蜂兰属的其他一些植物也采用同样的方式。例如，蜂兰（*Ophrys apifera*）、黑蜂兰（*Ophrys fusca*）和贝氏蜂兰（*Ophrys bertolonii*）的花朵与某些种类的蜜蜂相似；而小蜘蛛兰（*Ophrys araneola*）和南欧蜘蛛兰（*Ophrys incubacea*）的花朵与蜘蛛的身体相似；而黄蜂兰（*Ophrys insectifera*），又称苍蝇兰，其花朵则与苍蝇相似。由于这些花朵的美丽和独特，它们常被过度采集，一些物种濒临威胁，如科奇伊蜂兰（*Ophrys* kotschyi）；另外一些物种则不太受关注，如月形蜂兰（*Ophrys lunulat*）；还有一个脆弱的品种，即阿尔戈里卡蜂兰（*Ophrys argolica*）。

小蜘蛛兰生长在海拔1300米以下的草地、森林和林地。

花瓣较浅的H形线条使南欧蜘蛛兰清晰可见。

苍蝇兰
（*Ophrys insectifera*）Pm

所谓的黑蜂兰（*Ophrys fusca*）在外观和颜色上可能有轻微的变化。

蜂兰原产于地中海地区，通常由长须蜂属物种授粉。

贝氏蜂兰（*Ophrys bertolonii*）Pm
主要分布在意大利和西班牙巴利阿里群岛。

剑兰、鸢尾和相关植物

剑兰、风信子、水仙花、鸢尾、君子兰、孤挺花、蓝壶花和许多其他花卉品种，常用于园艺和切花，属于单子叶植物的三个科：鸢尾科、石蒜科和天门冬科。其中鸢尾科包括2000多种多年生植物、草本植物和球茎植物，几乎分布在世界各地。除了许多极具观赏价值的植物（如剑兰、鸢尾、虎皮花）外，鸢尾科还包括一个重要的经济品种——藏红花。石蒜科，汇集了大约1600种具有观赏价值的品种（水仙花、孤挺花、君子兰）和可食用的植物品种（大蒜、洋葱、韭菜，具体我们将在园艺植物中介绍）。天门冬科，包含多种多样的品种。在这一科之中既有观赏性植物（风信子、蓝壶花）也有具有巨大经济价值的植物（龙舌兰、丝兰）和园艺植物（芦笋），同时也别忘记还有一个奇特的千年物种——龙血树。

藏红花
番红花（*Crocus sativus*）
天门冬目
原产地：未知

鸢尾蒜
（*Ixiolirion tataricum*）
天门冬目
原产地：亚洲

“草地仙女”或三叶花
瓶蕊鸢尾属未定种
（*Herbertia lahue*）
天门冬目
原产地：美国

水百合
夜鸢尾属未定种
（*Hesperantha coccinea*）
天门冬目
原产地：南非

黄花巴西鸢尾
（*Neomarica longifolia*）
天门冬目
原产地：哥伦比亚和巴西北部

弯管鸢兰
弯管鸢兰属
（*Watsonia sp.*）
天门冬目
原产地：南非

风信子
风信子属
（*Hyacinthus sp.*）
天门冬目
原产地：地中海地区和非洲南部

水仙喇叭
水仙属
（*Narcissus sp.*）
天门冬目
原产地：地中海地区

唐菖蒲
唐菖蒲属（*Gladiolus sp.*）
天门冬目
原产地：不详

香雪兰
（*Freesia hybrida*）
天门冬目
原产地：不详

番红花
番红花属（*Crocus sp.*）
天门冬目
原产地：土耳其至以色列北部

蓝壶花或棉紫苏
总序蓝壶花（*Muscari racemosum*）
天门冬目
原产地：欧洲

雄黄兰
（*Crocosmia aurea*）
天门冬目
原产地：非洲

君子兰
（*Clivia miniata hybrida*）
天门冬目
原产地：南部非洲

伞长青
橙花虎眼万年青
（*Ornithogalum dubium*）
天门冬目
原产地：南非

孔雀花
虎皮花（*Tigridia pavonia*）
天门冬目
原产地：墨西哥和中美洲

瓜迪亚纳藏红花
柱沙红花
（*Romulea columnae*）
天门冬目
原产地：欧洲

“小丑”
三色魔杖花
（*Sparaxis tricolor*）
天门冬目
原产地：南非

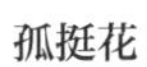

孤挺花
孤挺花属（*Amaryllis sp.*）
天门冬目
原产地：南部非洲

冬日喇叭花 cA
雪滴花（*Galanthus nivalis*）
天门冬目
原产地：欧洲和西亚

鸢尾
德国鸢尾
（*Iris germanica*）
天门冬目
原产地：北半球的温带地区

龙血树

（*Dracaena draco*）A

目：天门冬目

科：天门冬科

龙血树是亚热带树种，原产于加那利群岛、马德拉群岛和佛得角，生长在海拔0 ~ 600米的地方。几年前，人们发现在摩洛哥阿特拉斯山脉的一个陡峭的隐蔽地区也有一个龙血树亚种在生长。世界上最著名的龙血树之一是生长在特内里费岛伊科德·德洛斯·维诺斯镇的龙血树，据估计它已经有大约800年的历史。在特内里费岛的奥罗塔瓦山谷有一棵古老的龙血树，它高约20米，直径15米，大约有1000年的历史。然而在1868年，一场大飓风吹倒了这个“巨人”。

“魔法树”

由于龙血树的巨大体积和悠久的历史，以及原始的外观，加那利群岛的原住民把它当作一种神奇的树来崇拜。

外观

龙血树有一个非常密集、紧凑的树冠，它的生长形状会让人联想到一把伞。

树壳

龙血树的树壳可以分泌一种树脂，干燥后变得很脆，颜色呈血红色。

生长

龙血树是一种生长非常缓慢的植物。据估计，它的茎长到1米需要10年。

难以混淆的外观

龙血树可以被描述成一种乔木或灌木植物，与棕榈树相似。也像棕榈树一样，它茎部增厚。但这不是真正的二次生长，而是细胞具有木质化壁的组织而进一步生长的结果。这使得其根茎的生长速度特别慢，直到植物长出第一瓣花瓣才会分枝，但随后就会分叉。因此，主茎和每个分支的末端都是一簇厚厚的绒面革叶，呈灰绿色或带有白霜的绿色、披针形，有整个边缘。

索科特拉龙血树（*Dracaena cinnabari*）的特点在于它的皇冠形状的树冠，它是一个几乎完美的半球形。

花朵和果实

龙血树的花期通常开始于每年6月。树上会出现许多黄绿色的小花，聚集在顶生花序形成的中心轴旁，并有大量的分支。大约三个月后，果实成熟，肉质，圆形，呈橙色，结构类似浆果。

图为龙血树的树枝分叉细节。

龙血树的完全开花8～10年发生一次。每年发生部分开花。

相关物种

在1999年之前，人们认为加那利岛的所有龙血树都属于同一物种。但当时人们发现大加那利岛特有的另一个物种塔玛纳龙血树（*Dracaena tamaranae*）生长在岛的西南部，它与之前的物种不同，尤其是它的叶子，有棱角，更尖，颜色是蓝灰色。龙血树属的其他物种出现在亚洲（索科特拉龙血树、阿拉伯龙血树），在热带非洲（加纳和尼日尔的吸枝龙血树）和在中美洲（美洲龙血树）。一些龙血树物种被作为观赏植物栽培，如巴西树干、银边富贵竹或马达加斯金鱼草。

从左到右：巴西树干（*Dracaena fragans*）、银边富贵竹（*Dracaena braunii*）、印度之歌（*Dracaena reflexa*）和马达加斯加龙血树或红边龙血树（*Dracaena marginata*）。

丝兰、龙舌兰和芦荟

本节展示的植物尽管属于天门冬目，如兰花或剑兰，但具有明显的特征，有理由对其进行单独介绍。一方面，有龙舌兰亚科的植物，如龙舌兰的物种，用于生产植物纤维、利口酒（梅斯卡尔酒、龙舌兰酒、普尔克酒），也可作为装饰品；还有丝兰属的物种，如约书亚之树、“西班牙匕首”（莫哈韦丝兰，又称凤尾丝兰，编者注），其中不包括可食用的丝兰，即可食用木薯（*Manihot sculenta*）。龙舌兰植物分布在世界各地的温带、暖带和热带地区，多样化的物种主要分布在墨西哥。在这里还有一些最具代表性的黄连科物种，如芦荟，其提取物可用于舒缓轻微灼伤的疼痛，并帮助愈合伤口和治疗轻微皮肤病。

“西班牙匕首”
凤尾丝兰（*Yucca gloriosa*）
天门冬目
原产地：北美洲东南部

鬼脚掌
（*Agave victoriae-reginae*）
天门冬目
原产地：墨西哥

萱草
（*Hemerocallis fulva*）
天门冬目
原产地：西伯利亚、中国、日本和东南亚地区

多叶芦荟
（*Aloe polyphylla*）
天门冬目
原产地：南部非洲

朱蕉
（*Cordyline fruticosa*）
天门冬目
原产地：东南亚、澳大利亚、波利尼西亚和印度洋

“红毛刷”
鸢尾麻
（*Xeronema callistemon*）
天门冬目
原产地：新西兰

约书亚之树
小叶丝兰（*Yucca brevifolia*）
天门冬目
原产地：莫哈韦沙漠

烛台芦荟
木立芦荟（*Aloe arborescens*）
天门冬目
原产地：非洲东南部

剑麻
（*Agave sisalana*）
天门冬目
原产地：墨西哥

特基拉龙舌兰
（*Agave tequilana*）
天门冬目
原产地：墨西哥

新西兰亚麻
麻兰（*Phormium tenax*）
天门冬目
原产地：新西兰

牡丹卷
条纹十二卷
（*Haworthia fasciata*）
天门冬目
原产地：南非

玉簪
玉簪属（*Hosta sp.*）
天门冬目
原产地：东北亚

晚香玉或“圣何塞之杖”
晚香玉（*Polyanthes tuberosa*）
天门冬目
原产地：墨西哥和南美

“火炬”
火把莲（*Tritoma uvaria*）
天门冬目
原产地：南部非洲

库拉索芦荟
（*Aloe barbadensis*）
天门冬目
原产地：阿拉伯

“沙漠百合花”
夕丽花（*Hesperocallis undulata*）
天门冬目
原产地：美国南部和墨西哥北部

观赏丝兰
柔软丝兰（*Yucca filamentosa*）
天门冬目
原产地：美国

香蕉丝兰 Cr
（*Yucca baccata*）
天门冬目
原产地：美国南部，莫哈韦沙漠和墨西哥

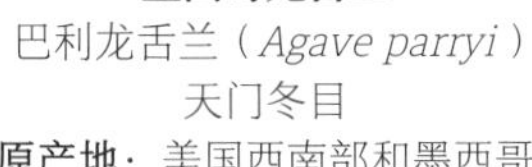

墨西哥龙舌兰
巴利龙舌兰（*Agave parryi*）
天门冬目
原产地：美国西南部和墨西哥

黄色龙舌兰或龙舌兰
龙舌兰（*Agave americana*）
天门冬目
原产地：墨西哥和美国南部

宽叶龙舌兰
（*Agave salmiana*）
天门冬目
原产地：墨西哥

“西班牙匕首”

凤尾丝兰（*Yuca gloriosa*）
目：天门冬目
科：天门冬科

这种植物的名称是由其叶子的形状决定的，它类似于剑或匕首，有如剑或匕首一样锋利的尖端。它的自然栖息地仅限于美国东南部的沙漠地区，在那里它经常与其他丝兰品种（柔软丝兰和千手丝兰）以及仙人掌一起生长，由于易于栽培，以及其美丽而壮观的花朵，它现在遍布世界各地。有人说，在月圆之夜，这些花朵的白色部分会发光，变得更加明亮，这可能只是花朵所处的沙漠地带产生的一种特有幻象。

高度

根据生长地方的不同，凤尾兰的高度有所不同，从0.5～2.5米不等。

原产地

凤尾兰是美国东南部半沙漠栖息地的一种特色植物。

叶片

凤尾兰的叶子很长，呈剑形，顶端很尖。

花朵

凤尾兰的花朵很大，约3.5厘米长，只在夜间开放。

特点

凤尾兰是一种地下根茎植物，特点是有一个狭窄的柱状树干，在树干的末端长出一簇紧密的叶子，长可达0.5米，宽3.5厘米，灰绿色，呈剑形，最后形成一个尖锐的褐色穗状物。起初，这些叶子的边缘有细密的锯齿，但随着时间的推移，这些边缘逐渐覆盖有长长的锯齿，下面的叶子逐渐干枯、脱落，使树干暴露出来。

当凤尾兰长到一定阶段时，会从丛生的叶子中升起一个长长的花亭，高达1.5米，上面有一簇大的白色钟形下垂的小孔，有时脉络中带有红色或紫色。当孢子成熟时，会形成大的果实，开始是绿色的，然后变成棕色的，里面含有黑色的种子。

授粉

该物种由一种小飞蛾授粉。雌性飞蛾被花朵散发出的深沉、细腻的气味所吸引，在夜幕降临时接近植物。飞蛾进入植物内部产卵，在产卵过程中，它会携带花粉，通过重复这个过程使另一株植物受精，或通过登上雌性植物的雌蕊使该植物受精。

因此，植物的种子和飞蛾的幼虫会同时发育，通常一些种子会变成新昆虫的食物，幼虫将自己封闭在一个茧中，保持休眠状态，直到开花，幼虫成为一只成年的飞蛾。

从沙漠到花园

凤尾兰来自美国东南部沙漠环境的贫瘠沙质土壤，作为观赏物种已被引入欧洲。这种植物常年生存在环境恶劣的地方，它能忍受充足的阳光、干旱和霜冻，只是在采集时须小心地处理，因为沿着叶子边缘的细齿会造成令人痛苦的伤痕。

图为凤尾兰叶子的细节，呈尖锐的穗状。

苞芽

通常情况下，如果条件合适，在花凋谢后，在花序附近会出现一两个侧芽。从这里长出新的树干，使植物具有美丽的分枝外观。

花朵

凤尾兰的花期很短，它在开花的时候会散发出一种极具穿透性且令人愉快的香气。

叶子

凤尾兰的叶子，其颜色通常是深绿色或灰色，但人们已经栽培出了多色的叶子，即叶片上有不同的颜色。

百合花、郁金香和相关植物

百合目植物群有10个科，分布在世界各地，大多为草本植物，但也有灌木和攀缘植物。许多植物有地下器官，如球茎、根茎或块茎，在环境不利于生长的季节，植物的地上部分枯萎，这些地下器官却依然存活；当适宜生长的环境条件恢复时，这些地下器官开始发芽。在该目的所有科中，最有名的是百合科（百合、白花香百合、头巾百合、郁金香、贝母）、六出花科（秘鲁百合）和秋水仙科（秋水仙、长瓣秋水仙和光辉百合），因为这几科植物经常被用作观赏植物和切花。另一个著名的品种是菝葜科的菝葜，它常被用来制作清爽和提神的饮料。

白蝴蝶百合
仙灯属未定种
（*Calochortus gunnisonni*）
百合目
原产地：北美洲和中美洲

“伯利恒的黄星”
深黄顶冰花（*Gagea lutea*）
百合目
原产地：欧洲和亚洲

沼红花
（*Helonias bullata*）
百合目
原产地：美国

蟾蜍百合
毛油点草（*Tricyrtis sp.*）
百合目
原产地：亚洲的温带地区

光辉百合或艾斯卡特百合
嘉兰属未定种
（*Gloriosa luxurians*）
百合目
原产地：亚洲

白花香百合
圣母百合（*Lilium candidum*）
百合目
原产地：欧洲

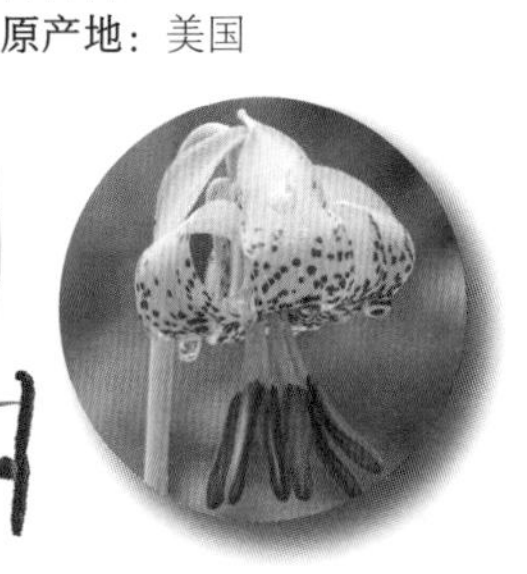

黑斑百合
哥伦比亚种百合
（*Lilium columbianum*）
百合目
原产地：美国

晚花郁金香
（*Tulipa tarda*）
百合目
原产地：亚洲

棋盘花
阿尔泰贝母
（*Fritillaria meleagris*）
百合目
原产地：欧洲

大百合
（*Cardiocrinum giganteum*）
百合目
原产地：喜马拉雅山

日本百合
天香百合
（*Lilium auratum*）
百合目
原产地：日本

东方百合
美丽百合
（*Lilium speciosum*）
百合目
原产地：日本

美洲猪牙花
（*Erythronium americanum*）
百合目
原产地：北美洲东部

秘鲁百合
六出花属（*Alstroemeria sp.*）
百合目
原产地：安第斯山脉

"狐狸的檗果"
四叶重楼
（*Paris quadrifolia*）
百合目
原产地：欧洲和亚洲

皇冠贝母
（*Fritillaria imperialis*）
百合目
原产地：亚洲东部和喜马拉雅山脉

穗菝葜
（*Smilax aspera*）
百合目
原产地：欧洲、亚洲和非洲

头巾百合或垂枝百合
欧洲百合（*Lilium martagon*）
百合目
原产地：欧洲

喇叭藤
智利钟花（*Lapageria rosea*）
百合目
原产地：智利

秋水仙 Pm
（*Colchicum autumnale*）
百合目
原产地：地中海和东亚

白藜芦
（*Veratrum album*）
百合目
原产地：欧洲

橙花百合
（*Lilium bulbiferum*）
百合目
原产地：欧洲

普通郁金香或花园郁金香
郁金香（*Tulipa gesneriana*）
百合目
原产地：亚洲

斑叶阿若母和马蹄莲

天南星目是一个非常多样化的群体，其物种有非常不同的外观和特定的适应生存环境的能力。天南星目由2个科的大约49个属组成，广泛分布于世界各地。最主要的科是天南星科，大约有43个属，包括美丽的斑叶阿若母和马蹄莲，所有的花都聚集在一个长长的花序中，周围有一个非常有特色的彩色苞片，类似于真花。浮萍科虽然在物种数量上较少，但由于它们已经适应了其生存的水生环境，因此具有极高的价值。浮萍或大薸就属于这种情况。

巨型斑叶阿若母
巨魔芋（*Amorphophallus titanum*）
天南星目
原产地：苏门答腊岛

合果芋
（*Syngonium podophyllum*）
天南星目
原产地：墨西哥和美洲热带地区

雪铁芋
（*Zamioculcas zamiifolia*）
天南星目
原产地：东非

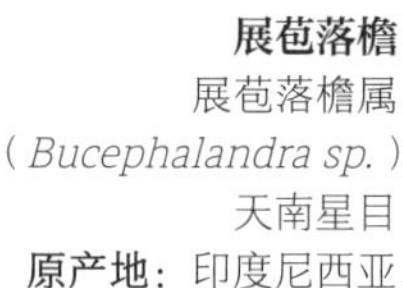

展苞落檐
展苞落檐属
（*Bucephalandra sp.*）
天南星目
原产地：印度尼西亚

埃斯帕蒂菲洛或“摩西的摇篮”
白鹤芋属未定种
（*Spathiphyllum montanum*）
天南星目
原产地：巴拿马和哥斯达黎加

臭菘 Pm
北美臭菘
（*Symplocarpus foetidus*）
天南星目
原产地：北美洲

浮萍 Pm
（*Lemna minor*）
天南星目
原产地：世界各地

水芭蕉
暴风芋（*Typhonodorum lindleyanum*）
天南星目
原产地：坦桑尼亚

三叶天南星
（*Arisaema triphyllum*）
天南星目
原产地：北美洲东部

斑叶阿若母
意大利疆南星（*Arum italicum*）
天南星目
原产地：欧洲地中海地区至中亚地区

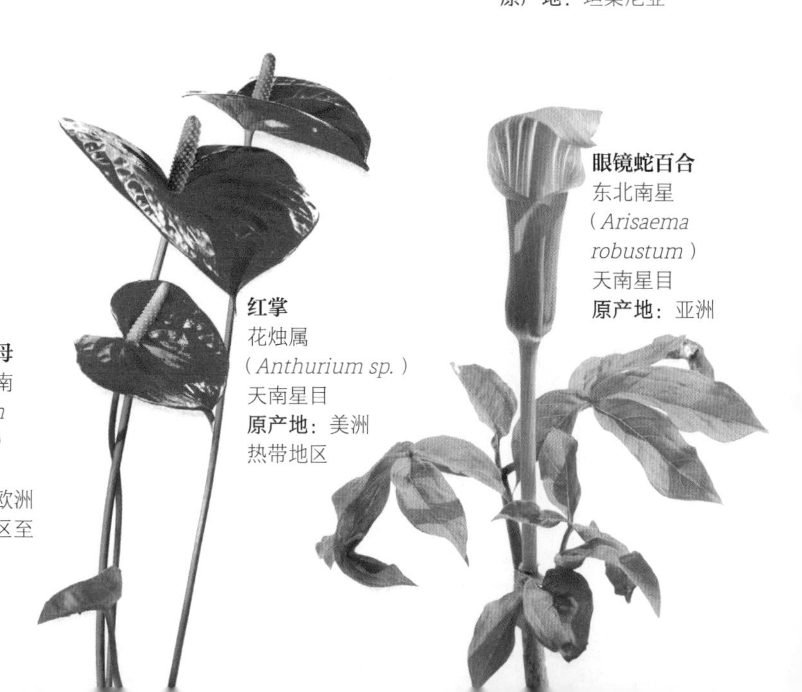

红掌
花烛属
（*Anthurium sp.*）
天南星目
原产地：美洲热带地区

眼镜蛇百合
东北南星
（*Arisaema robustum*）
天南星目
原产地：亚洲

龟背竹
（*Monstera deliciosa*）
天南星目
原产地：墨西哥和美洲热带地区

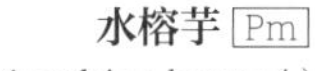

水榕芋 Pm
（*Anubias barteri*）
天南星目
原产地：非洲的西部和中部地区

巨型犁头尖
独角莲
（*Typhonium giganteum*）
天南星目
原产地：中国

黛粉芋或葛拉蒂
白斑万年青（*Dieffenbachia bowmanii*）
天南星目
原产地：中美洲和南美洲

地中海天南星
盔苞芋（*Arisarum vulgare*）
天南星目
原产地：欧洲和亚洲

彩叶亮丝草
广东万年青属（*Aglaonema sp.*）
天南星目
原产地：亚洲的热带雨林

花叶芋或巴西杯芋
五彩芋（*Caladium bicolor*）
天南星目
原产地：南美洲

水莲 Pm
大薸（*Pistia stratiotes*）
天南星目
原产地：未知

千年健
心叶春雪芋
（*Homalomena rubescens*）
天南星目
原产地：亚洲

马蹄莲或埃塞俄比亚斑叶若母 Pm
马蹄莲（*Zantedeschia aethiopica*）
天南星目
原产地：南非

芋 Pm
（*Colocasia esculenta*）
天南星目
原产地：亚洲

象耳状海芋或“克里斯的植物” Cr
美叶芋（*Alocasia sanderiana*）
天南星目
原产地：菲律宾

蒟蒻
花魔芋
（*Amorphophallus konjac*）
天南星目
原产地：日本、中国和东南亚

龙木芋 Pm
（*Dracunculus vulgaris*）
天南星目
原产地：地中海中部和东部地区

“蝰蛇之宴”

斑点疆南星
（*Arum maculatum*）
目：天南星目
科：天南星科

斑点疆南星这种植物的名称众多，如毒蛇的食物、蛇头、魔鬼的蜡烛、天使与魔鬼。由于其果实的毒性和植物各部分可能产生的过敏反应，围绕这种植物形成了许多传说。

事实上，斑点疆南星虽有危险性，但也有药用价值。然而，其花朵的独特性和美观性及诱人的彩色果实也使它成为一个特别有趣的观赏物种，适合在阴凉处和背阴处生长。毋庸置疑，斑点疆南星可以说是植物王国中的一种危险的美。

花朵

斑点疆南星的花朵生长在一个拉长的花序中，由一个大苞片或花苞保护。

叶子

斑点疆南星有一片三角形的叶片，形状像箭尖，位于一个长叶柄的末端。

根状茎

作为多年生草本植物，斑点疆南星有类似根茎的地下茎。

果实

斑点疆南星的果实是一种肉质的浆果，颜色非常鲜红或橙色。果实成组生长。

受保护的花朵

斑点疆南星的花朵和同科所有物种的花朵一样，都非常有特点。它们体积小，生长在一个细长的花序中，称为花轴，呈紫色或浅黄褐色。雌花位于花轴的下部，雄花位于上部，形成一个环。整个花序被一个大的苞片或花苞所包围和保护，长达25厘米，呈淡绿黄色，有紫色斑点。当6月到来时，花蕾成熟，花苞脱落，露出了果实。

授粉

授粉是斑点疆南星生命中最引人注目的阶段之一。它是由双翅目昆虫进行的，这些昆虫被花朵散发的热量和难闻的气味所吸引。进入花苞后，这些昆虫被困在分隔雌雄花孔的毛和丝之间，当它设法从这个陷阱中解脱出来时，其全身已经均匀地布满花粉，同时它从另一种植物带来的花粉也沉积了下来。

用途和毒性

正如前面提到的那样，斑点疆南星的果实有剧毒，因为它们含有某些化合物，到达动物的胃部时，会转化为氢氰酸。如果摄入过多，会引起呕吐、腹泻、口腔强烈刺激、喉咙肿胀、严重胃痛、体温过低、脉搏减慢，甚至死亡。此外，与叶子接触也会引起不良影响，因为叶子含有一种酸性汁液，对皮肤和黏膜有很大的刺激性。焙烧好的根茎既可以食用，也可用于生产牲畜饲料、淀粉及作为服装装饰的材料。

叶子

斑点疆南星的叶子非常大，并呈明显的矢状或箭镞状。每片叶子都从一个长叶柄的末端长出来，长度可达25厘米。

斑点疆南星通常生长在潮湿、阴暗、阴暗和多石的地方。几乎遍布于全欧洲（除去最北部）的森林和灌木丛中。

斑点疆南星也被作为观赏物种栽培。但是人们应该非常小心地处理这种植物，因为它具有刺激性。尤其应该防止儿童接触这种植物或食用它诱人的果实。

果实

斑点疆南星的果实生长在光秃秃的茎的末端，从底部向上逐步成熟，颜色从绿色变为鲜红色或橙色。这些果实都是有毒的。

园艺植物

一些与人类消费有关的物种，已经在与其相对应的植物学类别中提及。在本节中，我们将园艺中最受欢迎的物种收集起来，这些物种被人们广泛种植、食用并传播到世界各地。例如，从美洲来到欧洲的茄科植物。这种植物通过西班牙传播到了全世界，包括马铃薯、番茄和辣椒，以及豌豆、玉米等。另一组有代表性的植物则是由从东方传播过来的。这组植物与前者流行的方式正好相反。其中包括橙子、扁豆、黄瓜、大白菜、大蒜、洋葱、萝卜和甜瓜等。还有一组通常在地中海地区种植的蔬菜植物，如芹菜或萝卜。地中海地区，自古以来就有人居住，而且是许多民族的聚集地，因此该地区享有非常广泛且多样的园艺文化。

南瓜
（*Cucurbita moschata*）
葫芦目
原产地：墨西哥和中美洲

茄子
茄（*Solanum melongena*）
茄目
原产地：东南亚

辣椒
（*Capsicum annuum*）
茄目
原产地：墨西哥和中美洲

胡萝卜
野胡萝卜
（*Daucus carota*）
伞形目
原产地：伊朗

大白菜
（*Brassica rapa*）
十字花目
原产地：远东地区

萝卜
蔓菁（*Brassica rapa rapa*）
十字花目
原产地：亚洲和欧洲

洋葱
（*Allium cepa*）
百合目
原产地：中亚

番茄
（*Solanum lycopersicum*）
茄目
原产地：中美洲和南美洲

土豆
马铃薯（*Solanum tuberosum*）
茄目
原产地：安第斯高原

豆
菜豆（*Phaseolus vulgaris*）
豆目
原产地：墨西哥和中美洲

芹菜
旱芹（*Apium graveolens*）
伞形目
原产地：地中海地区

甜瓜
（*Cucumis melo*）
葫芦目
原产地：伊朗、安纳托利亚（小亚细亚半岛，编者注）和高加索地区

菠菜
（*Spinacia oleracea*）
石竹目
原产地：伊朗

豌豆
（*Pisum sativum*）
豆目
原产地：近东地区

蒜
（*Allium sativum*）
百合目
原产地：欧洲

芦笋
石刁柏
（*Asparagus officinalis*）
百合目
原产地：地中海盆地

香芹
（*Petroselinum crispum*）
伞形目
原产地：东欧的地中海地区

菜花
花椰菜（*Brassica oleracea var. botrytis*）
十字花目
原产地：东地中海

卷心菜
甘蓝（*Brassica oleracea var. capitata*）
十字花目
原产地：中欧

西蓝花
（*Brassica oleracea var. italica*）
十字花目
原产地：东地中海

芽甘蓝
抱子甘蓝（*Brassica oleracea var. gemmifera*）
十字花目
原产地：中欧

有毒的植物

植物给我们带来美丽的花朵、翠绿的叶子、多彩诱人的果实和愉悦的幸福感。但要注意的是，在这些美丽的背后，有些植物也隐藏着严重的危险，人类若摄入或接触其某个部分或活性成分会对我们的机体产生令人恼火，甚至致命的危害。因为这些植物含有大量有毒物质。洋地黄或颠茄，在剂量很低而且可控的情况下，可以发挥出其有益的特性，即可作为药物使用。剂量的多少也决定了“老头掌”和曼德拉草等植物是否产生致幻效果或导致死亡。须注意的是，危险有时会以观赏植物的形式潜伏在我们自己的家中，如黛粉芋、羽叶喜林芋和龟背竹。

死亡之果
毒疮树
（*Hippomane mancinella*）
金虎尾目
原产地：墨西哥、中美洲和加勒比群岛

曼陀罗
（*Datura stramonium*）
茄目
原产地：世界各地

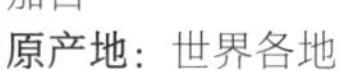

蔓绿绒
羽叶喜林芋
（*Philodendron bipinnatifidum*）
天南星目
原产地：南美洲

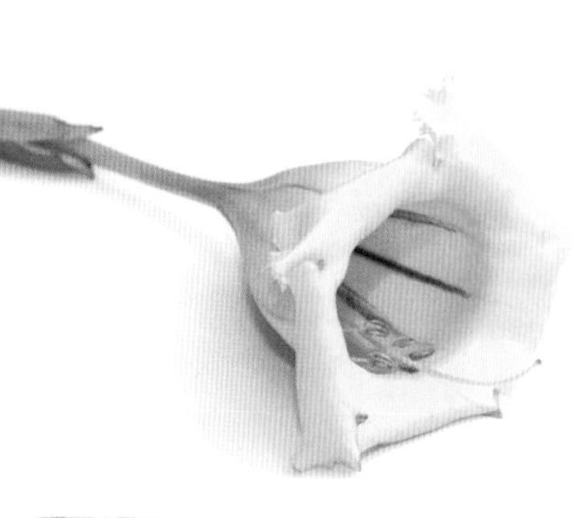

巨型喇叭花
金杯藤（*Solandra maxima*）
茄目
原产地：墨西哥和中美洲

美国甘草
相思子（*Abrus precatorius*）
豆目
原产地：美洲、亚洲和非洲

曼德拉草
欧茄参（*Mandragora officinarum*）
茄目
原产地：欧洲和地中海盆地

千年不烂心
欧白英（*Solanum dulcamara*）
茄目
原产地：中美洲

天仙子
（*Hyoscyamus niger*）
茄目
原产地：欧洲、北非和中亚

金杯花
金杯藤属未定种
（*Solandra grandiflora*）
茄目
原产地：美国

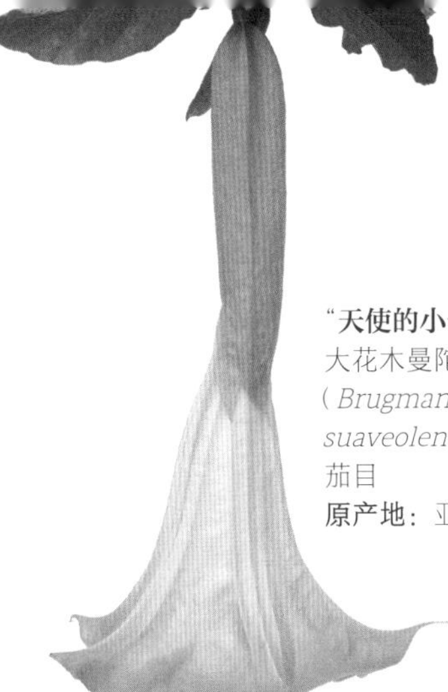

“天使的小号” Ex salvaje
大花木曼陀罗
(*Brugmansia suaveolens*)
茄目
原产地： 亚马孙地区

“老头掌” Cr
乌羽玉
(*Lophophora williamsii*)
仙人掌目
原产地： 墨西哥

颠茄
(*Atropa belladonna*)
茄目
原产地： 欧洲、北非和西亚

秋水仙
番红花属未定种(*Crocus autumnale*)
百合目
原产地： 南非

光烟草
(*Nicotiana glauca*)
茄目
原产地： 阿根廷和玻利维亚

亚麻叶瑞香
(*Daphne gnidium*)
桃金娘目
原产地： 伊比利亚半岛和北非

洋地黄或毛地黄
毛地黄(*Digitalis purpurea*)
玄参目
原产地： 欧洲、非洲西北部和亚洲

乌头
欧乌头(*Aconitum napellus*)
毛茛目
原产地： 欧洲和亚洲

毒芹 Pm
毒参(*Conium maculatum*)
伞形目
原产地： 欧洲和北非

夹竹桃 Pm
(*Nerium oleander*)
龙胆目
原产地： 世界各地

洋地黄或毛地黄

毛地黄

(*Digitalis purpurea*)

目：玄参目

科：车前科

洋地黄是一种既能治病，又能杀人的植物。1785年，英国医生和植物学家威廉·惠特林（William Whitering）发表了一篇文章，首次报告说这种植物的叶子可以对心脏疾病起到治疗作用，同时他也警告说洋地黄可能有毒性。1850年，同样是医生的路德维希·陶贝（Ludwig Taube）详细解释了洋地黄对心肌的影响。具体来说，洋地黄在低剂量时有刺激作用，但如果剂量过大，会使心脏停搏。尽管风险显而易见，但洋地黄的使用始终很广泛，直到20世纪中期，洋地黄才从“具有药用价值”变成了“高度危险”。

高度

洋地黄是一种大型草本植物，高度在0.5～1.5米。

生命周期

洋地黄的生命周期每两年为一周期：第一年它进行生长；第二年它生长出现花、果实和种子。

花朵

洋地黄，又称毛地黄，其花的形状很有特点，如同一个顶针。

毒性

洋地黄的叶片、花朵和果实都含有极具毒性的生物碱物质。

两种类型的叶子

洋地黄是一种多年生植物，需要两个阶段来完成其生命周期。在第一个阶段，它只生长出一个基部的底座，叶子呈椭圆形或披针形，边缘有齿，叶柄很长。在第二个阶段，从这个底座中生长出一个长柄，上面覆盖着没有叶柄的叶子（坐着的），这些叶子交替分布，底部有薄薄的灰色短柔毛。这些叶子在茎上逐渐上攀，越变越小。

很吸引人的花

洋地黄的花很大，长达5厘米，生长在细长的、不分枝的花序中。每朵花的花冠都有一个非常特别的形状，可以看作一个长长的喇叭形管子，上花瓣比下花瓣更短一些。花朵的颜色是深紫粉色，在白色的背景下，可以看到花朵里面有紫色的斑点。在北半球，洋地黄的开花时间为植物生命的第二个阶段的5月至9月。它的果实为蒴果，种子随风飘散。

剧毒植物

整株洋地黄有剧毒，因为它含有极高比例的活性成分，如洋地黄毒苷，这是一种含有剧毒的葡萄糖苷，如果被人体摄入，会作用于血液循环，影响心律。由于这些作用，18世纪末洋地黄开始被用于医药。人们通过适量使用它，以防治心律失常。它还被用于草药制剂中，因为洋地黄中的生物碱能降低食欲而有助于减肥。多年前，由于难以控制此类制剂的安全剂量，人们放弃了这种做法。

分布区域

洋地黄这种植物通常生长在欧洲中部和西部的山区、石楠丛中、岩石地或林地中。除此之外，这种植物被西班牙引入南美洲，目前在智利和阿根廷很常见。作为观赏品种，它被人们培育、种植，如今它在其他国家也很常见。

花朵

洋地黄的授粉通常由蜜蜂进行，它们穿透植物内部，用花粉浸渍自己，并将其运送到另一朵花上。

叶子

叶子既是植物的一部分，也是活性最高，最具有药用价值的一部分。但这一活性比例在一天中是变化的，在阳光充足的时候较高，在下午达到最大。

许多装饰性的洋地黄品种被种植，特别是那些白花品种（*Alba*）、巨型花品种（*Giant Shirley*）、小花品种（*Foxy*）和一些浅色且外部有斑点的品种（*Gloxinioides*）。

裸子植物

裸子植物，属于种子植物，是通过种子繁殖的维管束植物。裸子植物不像被子植物有分化出来的花，其种子的胚珠是“裸露的”，并没有果实保护。这类植物包括松树、冷杉、云杉、柏树、落叶松、紫杉、红杉、雪松和苏铁等。

起源和分布

裸子植物大约出现在1.5亿年前，并很快成为地球上最主要的植被。然而，今天，它们只占现存物种总数的1%左右。虽然它们的种类不如被子植物丰富，但它们的分布却非常广泛，从北半球的针叶林到美洲大陆的最南端，我们在地球上的任何地方都能找到它们。

松柏纲

松柏纲是木质的、高度分枝的大型植物。松柏纲中有地球上最高的植物，如巨型红豆杉。它的叶子非常简单，呈针状或鳞片状，大多数品种叶子是常绿的，但也有落叶的。最早的针叶树化石遗迹来自石炭纪晚期。今天，松柏纲植物在北半球的温带地区特别丰富。

现存的一些寿命久且高大的植物都属于裸子植物。巨型红豆杉就是典型例子，它的高度可以超过100米，存活2000～3000年。

图为各种针叶树种的叶片排列以及球果或松果的形状。

松柏树之花

松柏树的花非常简单，聚集在一个轴上，出现在被称为锥体或球果的花序中。雌花由一个心皮（改变过后的叶子）组成，呈坚硬的木质鳞片状，其腹部植入了一个或两个胚珠（受精后会产生种子）；整个花朵由一个苞片或小叶子保护。雄花聚集在比雌花小的圆锥形花序中，由一系列沿轴线排列的宽叶组成。这些小叶子是雄蕊，在它们的上部有两个小荷包，花粉粒就在荷包里面形成。与雌花不同的是，雄花没有苞片保护。花粉粒有两个盖子，从而保护它不被晒干，还有两个充满空气的囊泡或漂浮物，使它能留在空气中，因为这种花是风媒授粉的。松柏树的一些品种，如杜松、刺柏和柏树，其中的胚珠并不排列在锥体或圆锥体中，而是单独存在，并被一种称为假种皮的肉质杯状结构所覆盖。

授粉

当花粉粒抵达雌性松果时，它会穿透鳞片的边缘，因为这些鳞片最开始时是稍微分开的。花粉粒与胚珠结合，形成胚胎，胚胎的一层表皮变硬，逐渐木质化，以保护种子。受精后约一年，松果的鳞片分离，种子被分离出来，种子有翅膀（翅果），随风飘散。

图为松柏树的受精过程。

银杏纲

在中生代，属于银杏纲的裸子植物非常普遍，但由于环境条件的变化，它们的分布区域逐渐减少，物种的数量也随之减少。这种骤减导致最终银杏纲只剩下一个品种，即银杏，一直存活到今天。银杏树是一种具有高度分枝特征的树木，通常高度为25～39米，树干的最大直径为1.5～2米，产生树脂的管线沿其长边形成沟槽。银杏最明显的特征之一是它的扇形叶子，这种叶子边缘有切口和二分脉。这些叶子最初是浅绿色的，并且落叶，也就是说，当寒冷的天气到来时，叶子不会继续留在树上。银杏树有两种类型的枝条：长的、快速生长的、有零星叶子的枝条，以及较短的、缓慢生长、长有花朵的枝条。银杏是雌雄同体的物种，这意味着它既有雄花又有雌花，这两种花在不同的植物茎上发育。从花粉传播到受粉，通常需要几个月的时间，有时种子还没有受粉就被释放出来。这些种子可能被误认为是假果，因为它们外面覆盖着一层肉质的外皮，散发出非常难闻的气味，内部则是硬的。

银杏是“活化石”的典型例子，因为它仍然保留着如化石一般古老的特征，如叶子的二分叶脉和受粉方式。

上图是银杏扇形叶片的细节。从银杏叶上可以提取具有抗氧化特性的提取物，这种提取物能促进静脉血液循环。

如今，银杏已在中国广泛种植。但自古以来在中国、韩国和日本的佛教寺院都栽培银杏树。正是由于这些栽培的行为，该物种才没有灭绝。银杏树是一种非常长寿的树木，已经发现的树木中有超过2500年历史的个体。

苏铁纲

苏铁纲植物外形上类似棕榈植物，在中生代遍布广泛。目前苏铁纲植物主要生长在地球的热带和亚热带地区。苏铁纲植物的树干分化良好，被逐渐脱落的叶子的基部所覆盖，其余的叶子组合在一起，在茎的顶部形成一束。雄花和雌花总是在不同植物的茎上发育。

买麻藤纲

买麻藤纲植物如今只有3个目幸存下来：买麻藤目，包含大约30种乔木和攀缘植物，叶子很大，分布在热带地区；麻黄目，含有大约35种较接茎灌木植物，分布在地球的亚干旱地区；百岁兰目，一个极具特点的目，在非洲南部的沙漠中生长。

图片展示了银杏假果的细节，有着肉质的外皮和硬化的内部。

图为苏铁的雄花的细节。

图为显轴买麻藤（*Gnetum gnemon*）的果实。

裸子植物主要分类

现存的裸子植物分属4纲，6个目，15个科。有75 ~ 80个属，820个品种。

松柏纲

松目（松树、冷杉、雪松、落叶松）
柏目（柏树、紫杉、红杉）
南洋杉目（南洋杉、罗汉松）

银杏纲

银杏目（银杏）

苏铁纲

苏铁目（苏铁、泽米铁）

买麻藤纲

买麻藤目（买麻藤）
麻黄目（麻黄）
百岁兰目（百岁兰）

松树和冷杉

松目植物包含所有目前现存的针叶树。松目植物在第三纪开始之前是地球上的主要植被，但在第三纪开始就被子植物取代了。今天，无论是在生态上还是经济上，松目植物仍然是裸子植物中最重要和数量最多的。本节将讨论松柏目中物种数量最多的三个属：松属（松树）、冷杉属（冷杉）和云杉属（云杉），其余的留给下一节讨论。这些植物在整个北半球形成广泛的森林，从暖温带地区，如地中海地区典型的石松（意大利松），到接近北极圈的寒冷地区，如西伯利亚冷杉（新疆冷杉）。在高于海平面的地区和高海拔地区也有松目植物，如海岸松。甚至在海拔高达4000米的地方也有松目植物，如长叶云杉。

加那利松 Pm
（*Pinus canariensis*）
松目
原产地：加那利群岛

北美白松或韦茅斯松 Pm
北美乔松（*Pinus strobus*）
松目
原产地：北美洲东部

糖松 Pm
（*Pinus lambertiana*）
松目
原产地：美国西部和太平洋沿岸地区

科罗拉多云杉 Pm
蓝粉云杉（*Picea pungens*）
松目
原产地：落基山脉

高加索冷杉 Pm
（*Abies nordmanniana*）
松目
原产地：黑海、土耳其和高加索地区

白云杉 Pm
（*Picea glauca*）
松目
原产地：北美洲

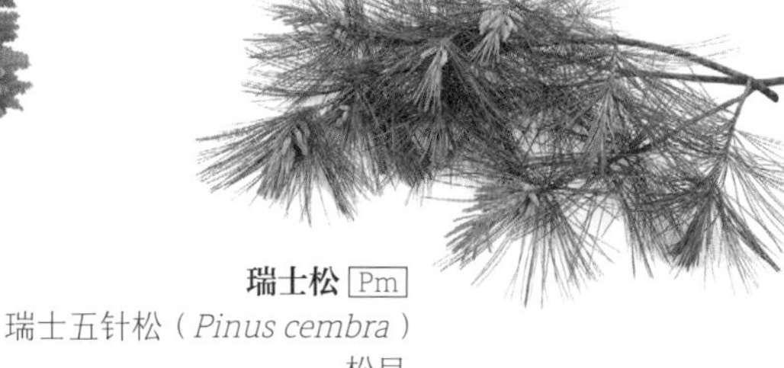

瑞士松 Pm
瑞士五针松（*Pinus cembra*）
松目
原产地：中欧

黑松 Pm
欧洲黑松
（*Pinus nigra*）
松目
原产地：中欧、南欧和小亚细亚

石松或笠松 Pm
意大利伞松
（*Pinus pinea*）
松目
原产地：地中海地区

普通云杉或假冷杉 Pm
欧洲云杉（*Picea abies*）
松目
原产地：中欧和东欧

朝鲜冷杉 Ep
（*Abies koreana*）
松目
原产地：韩国

海岸松或红松 Pm
海岸松
（*Pinus pinaster*）
松目
原产地：西地中海和欧洲南大西洋的沿岸

日本冷杉 Pm
（*Abies firma*）
松目
原产地：日本中部和南部

普通冷杉或白冷杉 Pm
欧洲冷杉（*Abies alba*）
松目
原产地：欧洲山区

西班牙冷杉
（*Abies pinsapo*）
松目
原产地：伊比利亚半岛南部

香脂冷杉 Pm
（*Abies balsamea*）
松目
原产地：北美洲

塞尔维亚云杉 A
（*Picea omorika*）
松目
原产地：塞尔维亚西部和波斯尼亚东部

壮丽冷衫 Pm
（*Abies procera*）
松目
原产地：北美洲西部

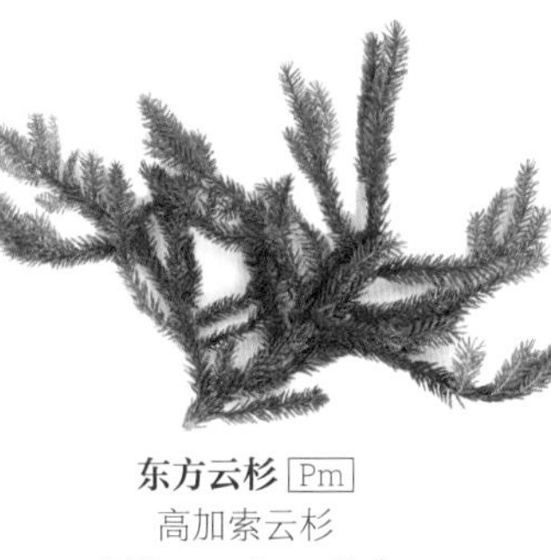

东方云杉 Pm
高加索云杉
（*Picea orientalis*）
松目
原产地：高加索地区和土耳其东北部

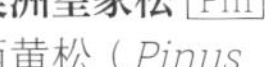

美洲皇家松 Pm
西黄松（*Pinus ponderosa*）
松目
原产地：美国西部

白松或野松 Pm
欧洲赤松
（*Pinus sylvestris*）
松目
原产地：欧洲和亚洲

云杉或假冷杉

欧洲云杉 Pm

(*Picea abies*)

目：松目

科：松科

圣诞冷杉，每个人都把它与著名的节日联系在一起，实际上并不是真正的冷杉，而是云杉属植物。然而，这种植物与冷杉的相似性使它获得了“假冷杉”的昵称。它也经常被称为红杉，因为树干的树皮（破碎成多边形）和树枝的树皮都呈现出典型的红褐色。目前这个物种正处于某种不稳定时期，但人类还无须对其进行干预。为了确保它的正常生存与稳定发展，我们可以收集、种植其生根样本。

树枝

除了顶部树枝向上生长外，其余树枝几乎总是水平生长的。

高度和形状

成年之后的树可以很容易地达到30 ~ 50米的高度，并呈一个几乎完美的金字塔形状。

寿命

云杉是已知寿命最长的树木之一。2008年，在瑞典发现了一棵已有9950岁的云杉。

树干

这种植物的树干非常笔直，没有太多分枝，直径从1米到1.5米不等。

树皮

随着树龄的增长，树干的树皮会变成深紫色，碎裂并以小圆片的形式剥落。

树叶

树叶是针状的，非常薄且尖，有光泽的深绿色，横截面是方形。春天发芽的嫩叶呈黄绿色。

花朵

云杉的花朵聚集在锥形松果中，覆盖着三角形鳞片。与冷杉的松果不同，云杉的松果在成熟时不会散开。

显著的特征

所有云杉，包括这个物种，都有一个特点，那就是，沿着树枝有圆柱形的突起，叶子就是从突起中生长出来。即使在叶子消失后，这些突起仍然存在，使枝条看起来很粗糙。叶子很硬，长1~2.5厘米，生长方式为轮生。

花朵和松果

云杉的花聚集在圆锥状、卵圆形的花序中。雄花生长在枝条的末端，而雌花下垂，长16~18厘米。当它们成熟时，在授粉后的5~7个月，形成棕褐色或紫色的锥体松果，整个落在地上。里面是种子，4~5毫米长，呈黑色，有一个大翅膀，有助于风传播花粉。

分布

云杉是欧洲北部和中部的森林中最重要的树木之一。它生活在海拔800~1800米，分布区域从法国汝拉（Jura）和阿尔卑斯山到北欧的中部和斯堪的纳维亚半岛的北部，以及东部的巴尔干半岛和俄罗斯西部。在斯堪的纳维亚半岛，云杉与苏格兰松一起形成混交林，而在其他地区，它与瑞士松、白云杉、落叶松和山毛榉一起生长。在西班牙，它并不是本土野生物种。在比利牛斯山脉和北部地区，云杉也被小范围地种植在人造林中。

优质木材

用云杉生产的木材，其颜色很浅，几乎没有明显的纹理，容易加工，这使它成为室内木工和细木工的绝佳原料。不仅如此，用它制作乐器能形成出色的音质和共鸣。能证明这一点的是，云杉木被用来制造著名的斯特拉迪瓦里小提琴，目前被意大利法齐奥利钢琴厂用作原料。

雪松、落叶松和南洋杉

雪松、落叶松、铁杉和黄杉是松目植物的代表。所有这些树都是高大的树木，例如道格拉斯冷杉（花旗松）的高度很容易达到80米，有些树木有香味，质量好，例如雪松。松目中，还有罗汉松科和南洋杉科。其中，南洋杉科包括三个属：南洋杉属、贝壳杉属和凤尾杉属。南洋杉科几乎只分布于南半球（东南亚、澳大利亚、新西兰和南美洲南部），在热带、亚热带和温带多雨地区它们形成了森林。一般来说，它们都极为长寿；例如，在新西兰北部发现了一种贝壳杉（新西兰贝壳杉），其寿命已超过2000岁。

普通雪松或阿特拉斯雪松 Ep
北非雪松
（*Cedrus atlantica*）
松目
原产地：北非

普通落叶松或欧洲落叶松 Pm
欧洲落叶松
（*Larix decidua*）
松目
原产地：欧洲中部山区

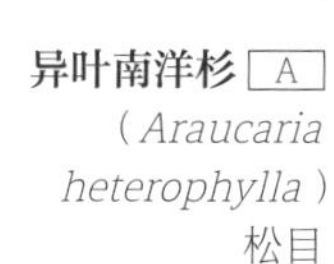

异叶南洋杉 A
（*Araucaria heterophylla*）
松目
原产地：澳大利亚诺福克岛

罗汉松 Pm
（*Podocarpus macrophyllus*）
松目
原产地：日本

白皇松 Pm
（*Dacrycarpus dacrydioides*）
松目
原产地：新西兰

贝壳杉 Pm
新西兰贝壳杉
（*Agathis australis*）
松目
原产地：新西兰北岛

凤尾杉 Ep
（*Wollemia nobilis*）
松目
原产地：澳大利亚

高大罗汉松 Pm
（*Podocarpus elatus*）
松目
原产地：澳大利亚

巴拉那松或巴西松木 Cr
狭叶南洋杉（*Araucaria angustifolia*）
松目
原产地：巴西、巴拉圭、阿根廷和乌拉圭

黎巴嫩雪松 A
（*Cedrus libani*）
松目
原产地：地中海地区至黎巴嫩

北美落叶松或东方落叶松 Pm
北美落叶松（*Larix laricina*）
松目
原产地：北美洲

日本铁杉 cA
（*Tsuga sieboldii*）
松目
原产地：日本

铁坚油杉 Pm
（*Keteleeria davidiana*）
松目
原产地：中国东南部

澳大利亚南洋杉或大叶南洋杉 Pm
毕氏南洋杉（*Araucaria bidwilli*）
松目
原产地：澳大利亚东部

道格拉斯冷杉 Pm
花旗松（*Pseudotsuga menziesii*）
松目
原产地：北美洲

日本落叶松 Pm
（*Larix kaempferi*）
松目
原产地：日本

加拿大铁杉 cA
（*Tsuga canadensis*）
松目
原产地：北美洲东部

新西兰罗汉松 Pm
（*Podocarpus totara*）
松目
原产地：新西兰

竹柏 cA
（*Nageia nagi*）
松目
原产地：中国和日本

喜马拉雅雪松 Pm
（*Cedrus deodora*）
松目
原产地：喜马拉雅山脉西部

南洋杉或南美杉 Ep
智利南洋杉
（*Araucaria araucana*）
松目
原产地：智利中部和南部以及阿根廷西南部

粗壮贝壳杉 Pm
（*Agathis robusta*）
松目
原产地：澳大利亚

南洋杉或智利松

智利南洋杉（*Araucaria araucana*）Ep

目：松目

科：南洋杉科

南洋杉原产于南美洲的温带森林，但它目前只生长在两个地区，即安第斯山脉和智利纳韦尔布塔山脉。在安第斯山脉，海拔800 ~ 1600米寒冷、常年积雪的山峰之间，南洋杉作为一个单一物种或与其他物种联合发展成森林。在森林中，南洋杉总是占主导地位。目前，南洋杉所占据的森林生态系统极具脆弱性，其分布区域逐步减少甚至危及该物种在野外的生存。

高度

南洋杉是非常高大的树木，成年样本可以达到50米高。

寿命

南洋杉的另一个特点是它的寿命特别长，超过1000岁。

树干

南洋杉树干是直的、圆柱形的，直径可以很容易达到3米。

树皮

南洋杉树皮外观厚实，呈树脂状。掉落的树枝的痕迹清晰地印在树皮上。

特色形状

南洋杉是一种常青树，呈金字塔形，身材高大，寿命很长，在离地面几米高的地方就开始发枝。主枝在树干上有规律地排列，首先水平地生长，垂直于树干，然后上升；次生枝总是水平或下垂地生长。随着岁月的流逝或年龄的增长，较低的枝条脱落，并在树皮上留下痕迹；树冠逐渐失去了其特有的金字塔形状，呈现出伞状的形态。

叶、花、果

南洋杉的叶子呈三角形，非常硬，革质，锋利，长3～4厘米。它们没有叶柄，以覆瓦状和螺旋状排列在枝条周围，因此它们形成一种非常密集的树冠。它们持续10～15年，之后开始更加硬化，并呈现出褐色的鳞片形式。花朵聚集在锥状花序中，雄花长，呈深褐色，有许多尖锐的鳞片，雌花非常大，呈球状，直径可达20厘米，呈绿色；这些雌花总是在新枝的末端发育。授粉方式为风媒授粉。

当雌性球果受粉后，它们会木质化并变硬。果实需要16～18个月才能成熟并产生种子。

木材和其他用途

南洋杉的木材呈黄白色，非常紧凑，易于加工，这就是为什么它备受木工们的喜爱。种子也被使用，它具有很高的营养价值，生活在安第斯地区的原住民将它作为基础食材。它也被用作观赏树，遍布很多地方，特别是在气候不是非常恶劣和湿度较高的地方。

叶子

南洋杉的叶子末端有一个刺，或者说是一个小刺，使叶子变得非常锋利。叶子的颜色是深绿色，随着时间的推移变成褐色。

南洋杉是雌雄异株的物种，即茎上只长出雌花或雄花的。每朵成熟的花朵都会释放出120～200颗种子或“松子”，每颗种子的重量超过3克。

在智利和阿根廷，南洋杉都是受保护物种。左图是智利康吉利奥国家公园，背景是拉伊马火山。右图是阿根廷拉宁国家公园里的南洋杉。

柏树、紫杉和红杉

柏目植物，只有一个科，即柏科，汇集了大约130个物种，分布在大约30个属的乔木和灌木中，如柏树、欧洲刺柏、圆柏、紫杉和红杉。这一类植物的寿命很长（2000～3000年），体积巨大，这一纪录由北美红杉和巨杉保持，两者都高约110米，树干周长6～11米。这种植物还有另一个不那么正面的纪录：柏目植物的花粉是导致哮喘和过敏反应的最常见的过敏源之一，这种情况因许多柏目物种被用作观赏植物而变得更加严重。它的代表植物生长在世界各地，这种植物偏爱生长在北半球（四分之三的物种仅限于北半球）热带和亚热带地区。在温暖的气候条件下，生长环境的海拔高度从海平面到高山不等。

巨型金钟柏或红雪松 Pm
北美乔柏（*Thuja plicata*）
柏目
原产地：美国西部

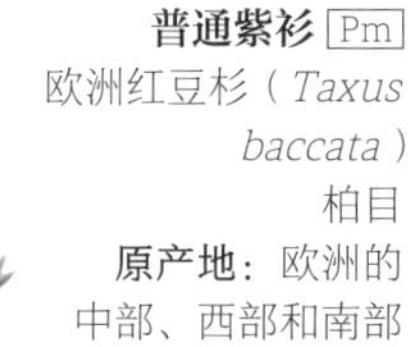

普通紫衫 Pm
欧洲红豆杉（*Taxus baccata*）
柏目
原产地：欧洲的中部、西部和南部

欧洲刺柏 Pm
（*Juniperus communis*）
柏目
原产地：北半球的寒冷地区

黑圆柏 Pm
红果圆柏
（*Juniperus phoenicea*）
柏目
原产地：地中海地区和加那利群岛

沼泽柏 Pm
落羽杉
（*Taxodium distichum*）
柏目
原产地：美国东南部

水杉 Ep
（*Metasequoia glyptostroboides*）
柏目
原产地：中国

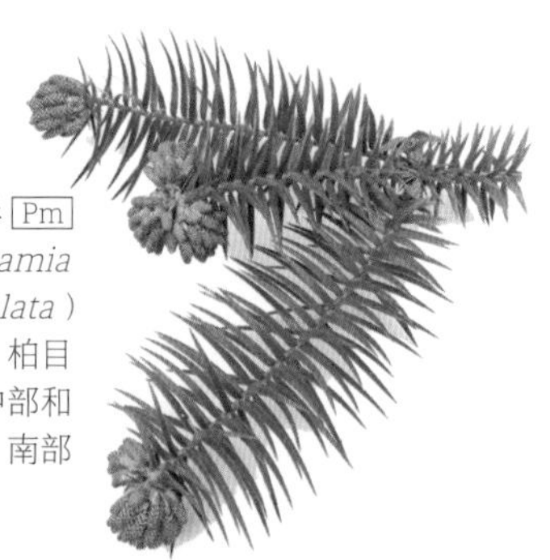

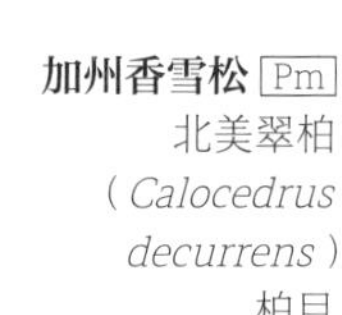

中国冷杉 Pm
杉木（*Cunninghamia lanceolata*）
柏目
原产地：中国中部和南部

加州香雪松 Pm
北美翠柏
（*Calocedrus decurrens*）
柏目
原产地：北美洲西部

罗氏柏 A
美国扁柏
（*Chamaecyparis lawsoniana*）
柏目
原产地：美国西南部

蒙特里柏木 A
大果柏木
（*Cupressus macrocarpa*）
柏目
原产地：美国西南部

北美红杉 Ep
（*Sequoia sempervirens*）
柏目
原产地：北美洲中部和东部

加拿大金钟柏 Pm
北美香柏（*Thuya occidentalis*）
柏目
原产地：美国东北部和加拿大东南部

墨西哥柏或圣胡安雪松 Pm
墨西哥柏木
（*Cupressus lusitanica*）
柏目
原产地：墨西哥

匍匐生根的欧洲刺柏 Pm
平枝圆柏（*Juniperus horizontalis*）
柏目
原产地：北美洲北部

日本罗汉柏或罗汉柏 Pm
罗汉柏（*Thujopsis dolabrata*）
柏目
原产地：日本

日本金松 A
金松（*Sciadopitys verticillata*）
柏目
原产地：日本

东方金钟柏或“生命之树” cA
侧柏（*Platycladus orientalis*）
柏目
原产地：不确定

日本雪松 cA
日本柳杉
（*Cryptomeria japonica*）
柏目
原产地：日本

普通圆柏或匍匐生根的圆柏 Pm
叉子圆柏
（*Juniperus sabina*）
柏目
原产地：欧洲中部和南部以及亚洲西部

柏木 Pm
地中海柏木
（*Cupressus sempervirens*）
柏目
原产地：地中海地区

巨杉 Ep
（*Sequoiadendron giganteum*）
柏目
原产地：美国加利福尼亚州

佐原假柏 Pm
日本花柏
（*Chamaecyparis pisifera*）
柏目
原产地：日本中部和南部

刺柏

Juniperus communis Pm

目：柏目

科：柏科

刺柏属的名称*juneprus*来自凯尔特语，意为粗糙，被用来指代水果的口感。普通刺柏的分布范围非常广泛，在整个欧洲大陆、亚洲大部分地区和北美洲都广泛分布。在这些大陆中的每一个地方，都有一个刺柏品种占主导地位，与其他地区的品种略有不同。它的栖息地也非常多样化，因为它既可以生长在大西洋森林的山毛榉树林中，也可以生长在大西洋森林的霍姆橡树林中。但通常是在山脉北侧以及海拔3000米以下的谷底。

分布情况

刺柏可能是北半球分布最广的木本植物。

雌雄异株

刺柏有不同的性别，有些植物只长有雄花，有些则只有雌花。

树干和树枝

刺柏覆盖着灰棕色或红棕色的树皮，呈纵条状剥落。

生长环境

刺柏是一个对生长要求不高的物种，在土壤和气候方面都是如此。

多样化外观

普通刺柏最突出的特点之一是它有着多样化外观，具体外观则取决于它生长的地方以及是否要修剪以利用木材。因此，当刺柏自由生长时，可以成为高度达9米的小树；如果它生长在受雨或风影响很大的地区，就会形成灌木丛。用于木材生产的刺柏，通常是高度在1～2米的圆形灌木。这是一种生长非常缓慢的植物。

普通刺柏通常生长在高大的、有风吹过的山顶上，树枝蜿蜒，表皮粗糙。

叶、花和果

刺柏叶子是针状的，非常尖，顶部扁平，上表面（内侧）有一条淡绿色的条纹，当你用手指划过叶子时就会消失；下面是灰绿色。刺柏成群生长，以螺旋形式排列在枝条上。花朵在春天发育，果实在秋天生长。雄花形成孤立的淡黄色圆柱形球果，一旦花粉释放就会脱落；雌花尺寸在6～9毫米。果实呈半球形，直径为5～12毫米，起初为灰绿色，成熟后变成深紫色，大约两年后，完全成熟时为黑色，带有蜡质的亮蓝色斑纹。果实通常有三个融合的肉质鳞片，每个鳞片包含一粒种子。

效用

刺柏，又名杜松，其果实杜松子的主要用途是作为杜松子酒的调味剂。它们不能生吃，因为它们的味道很苦，但一旦晒干，就可以用来给肉类和酱汁调味。芳香油也是从杜松的叶子和果实中提取的，在药学中被广泛用作催吐剂（有利于排出消化道中的气体）和尿路净化剂，但如果没有医生的处方，绝对不能摄入，因为有刺激的危险。

果实

普通刺柏的果实有一种甜味，带有树脂味，有一种让人联想到肉桂的香气。

普通刺柏和尖叶刺柏（*Juniperus oxycedrus*）两者在外观上非常相似。区分普通刺柏和尖叶刺柏的特征之一是叶子上的条纹，普通刺柏有一条，尖叶刺柏有两条。

效用

从刺柏中提取的芳香油有医疗作用，可以作为利尿剂，对风湿病、炎症、液体潴留和高血压都有疗效。

买麻藤和苏铁

买麻藤和苏铁，都是裸子植物中非常重要的两个纲，不是因为它们的物种数量，而是因为它们在群体中进化的重要性。就买麻藤纲而言，其价值是由于它们同时具有裸子植物和被子植物的特征。它是最“现代化”的裸子植物，大约有2.7亿年历史（大约在二叠纪中期）。目前，买麻藤纲包括三个目：麻黄目，买麻藤目和百岁兰目。苏铁植物是在裸子植物中保持最原始特征的群体。它们在二叠纪或“恐龙”时代就非常丰富，但今天只有9个属存活，共有约185种，其中许多中都是濒危的。

灌状买麻藤 Pm
显轴买麻藤
（*Gnetum gnemon*）
买麻藤目
原产地：亚洲东南部

山麻黄
木贼麻黄
（*Ephedra equisetina*）
麻黄目
原产地：中国北方

斜叶泽米铁 cA
（*Zamia obliqua*）
苏铁目
原产地：哥伦比亚和巴拿马

祖鲁兰的“棕榈” cA
锐刺非洲铁
（*Encephalartos ferox*）
苏铁目
原产地：非洲东南部海岸

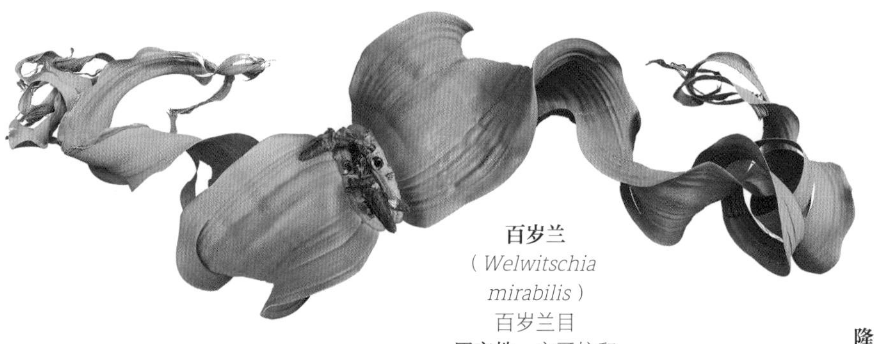

百岁兰
（*Welwitschia mirabilis*）
百岁兰目
原产地：安哥拉和纳米比亚

隆脉沟扇铁
（*Zamia roezlii*）
苏铁目
原产地：哥伦比亚和厄瓜多尔

墨西哥苏铁 Ep
鳞秕泽米铁（*Zamia furfuracea*）
苏铁目
原产地：墨西哥

中国麻黄 Pm
草麻黄
（*Ephedra sinica*）
麻黄目
原产地：东亚

女王西谷棕榈 Ep
拳叶苏铁（*Cycas circinalis*）
苏铁目
原产地：斯里兰卡

麻黄 Pm
双穗麻黄
（*Ephedra distachya*）
买麻藤目
原产地：欧洲南部和亚洲西部及中部

脆麻黄 Pm
（*Ephedra fragilis*）
买麻藤目
原产地：欧洲东南部和北非

藤本茶麻黄 Pm
（*Ephedra pedunculata*）
买麻藤目
原产地：美国得克萨斯州南部和墨西哥北部

暹罗苏铁 A
云南苏铁
（*Cycas siamensis*）
苏铁目
原产地：东南亚

圣特雷西塔的"棕榈" cA
双子铁（*Dioon edule*）
苏铁目
原产地：墨西哥东海岸

多刺双子铁 Ep
（*Dioon spinulosum*）
苏铁目
原产地：墨西哥的热带雨林

莫迪亚吉的"棕榈" Pm
细脉非洲铁（*Encephalartos transvenosus*）
苏铁目
原产地：南非

米氏大泽米 Pm
昆士兰澳洲铁
（*Macrozamia miquelii*）
苏铁目
原产地：澳大利亚

埃斯皮诺萨苏铁 A
面包非洲铁
（*Encephalartos altensteinii*）
苏铁目
原产地：南非

苏铁或"西米棕榈" Pm
苏铁（*Cycas revoluta*）
苏铁目
原产地：日本南部

百岁兰

Welwitschia mirabilis

目：百岁兰目

科：百岁兰科

1860年，奥地利探险家和植物学家弗里德里希·韦尔维茨有了一个重大发现：一个当时被认为是地球上最稀有和最独特的新植物物种——韦尔维茨（百岁兰），以这位科学家的名字命名。但令人惊讶的不仅仅是百岁兰的外观（*mirabilis*的字面意思是“奇妙的、非凡的”），还有百岁兰的寿命，因为现存的一些百岁兰已有1000～1200岁。百岁兰已经成为纳米比亚的象征，是纳米比亚的国旗的组成部分，也是该国国徽的一部分。

分布

百岁兰是非洲纳米布沙漠特有物种。其分布范围广，从纳米比亚奎斯布河口到安哥拉南部。

树干

百岁兰的树干非常粗大，木质化，不分枝，顶端有一个突出的圆盘，直径可以超过一米。

亚种

百岁兰的两个亚种已被确认，即纳米比亚（*namibiana*）和紫茉莉（*mirabilis*），取决于它们的栖息地是否在纳米比亚或安哥拉。这两个亚种之间有轻微的差异。

适应性

百岁兰是一个非常适应沙漠生活的物种，例如纳米布沙漠，在那里它可以熬过长达4～5年没有下雨的环境。

显著的属性

百岁兰这种植物的特点在当地人的名字中得到了很好的体现：在安哥拉，它被称为n'tumbo（树桩），赫雷罗人称它为onyanga（沙漠洋葱），在南非语中，它的名字是twee-blaar kanniedood（两叶不死树）。在安哥拉的绰号是指它的外观，因为树干短而粗，但几乎不突出地面。赫雷罗人给予的名称，是基于它的栖息地——沙漠，而南非语的名称指的是它只有两片叶子和它的耐久性。事实上，百岁兰只有两片对生的叶子从茎的边缘长出来，叶子的形状是线性的，质地是革质的，长度可以达到3米。叶子沿着地面蔓延，并从基部无限地生长，尽管非常缓慢（每年生长8～15厘米）。随着时间的推移，呈现出干枯的外观，并在末端变得严重干枯。随后，另外两片叶子发芽，循环往复。这就是为什么百岁兰看起来有很多叶子。

在沙漠生存

如前所述，这种植物生长在纳米布沙漠，但离大西洋不远，大西洋会产生浓密而有规律的雾气，覆盖该地区，并延伸到离海岸约100千米的距离。这种以露水形式提供的水被百岁兰很好地利用，它有一个密集的根系网络，非常靠近土壤表面生长，直径可达30米，还有一个主根，可深入约3米的深处。

繁殖

百岁兰是雌雄异株的植物，有独立的雄性根和雌性根。单生花出现在对生苞片下，雄花有六个雄蕊焊接在基部，雌性有一个单一的胚珠，被膜包裹。当受精发生时，雌花长成菠萝状结构，呈红色，最长可达6厘米。种子被风吹散，但只有0.1%的种子能够发芽，因为它们需要很长时间才能产生根系，使它们能够从土壤中吸收水分并继续发育。

雌花生长在从植物中心圆盘边缘产生的分叉茎上，以淡红色松果的形式结出果实。

授粉

百岁兰的授粉主要是由昆虫进行的，昆虫被花朵分泌的类似蜂蜜的物质所吸引。此外，花粉也偶尔通过风来传播。

西谷“棕榈”或苏铁

苏铁（*Cycas revoluta*）Pm
目：苏铁目
科：苏铁科

由于其叶子的排列和形状，苏铁可能外观类似于一棵小棕榈树，但实际上它并不是。而且从生物进化上来说，苏铁与棕榈树的关系非常遥远。它可以说是一种活化石，因为该属的化石遗迹已经被人们发现，其历史可以追溯到中生代（大约2.5亿年前）。当时苏铁种类非常丰富，但今天只有一个属（苏铁属）幸存下来，其中有大约100个物种，最著名的如下图所示。苏铁在日本南部和中国东南部的热带森林中自然生长，而且分布相当广泛。

高度

苏铁茎的高度通常不超过3米，生长非常缓慢。

叶子

叶子非常大，长度在50～150厘米，硬而有光泽的深绿色。

疤痕

茎的表面覆盖着许多疤痕，这些伤疤是叶子插入的地方。

茎部

茎部是木质，呈圆柱形，年轻的苏铁并不分枝。随着年龄的增长，茎部可以分枝多次。

树冠

苏铁的叶子大而硬，呈羽状，并以紧密的螺旋状排列，在茎的顶部形成一个特有的冠。这些叶子在植物上持续数年，当它们脱落时，会在茎上留下疤痕，标记它们插入的地方。在这种植物中，根部也有一个非常典型的结构，因为它们会分裂几次，最后几段向外生长，并进一步分裂出地面。在这些分裂的末端，形成了类似珊瑚的结构，其中容纳了蓝藻和细菌的菌落。这些生物与苏铁在本质上是共生的，其目的是固定大气中的氮。

大孢子叶或产生雌性生殖器官（胚珠）的特殊叶片在茎的顶端发育，形成“扭曲”的外观。

形成雄性生殖器官的小孢子叶或特殊叶片聚集在非常紧凑的球果中。

雌雄花

雄花和雌花在不同的植物中形成（雌雄异株），是由植物顶端的特殊叶片形成的。如右上图所示，雄性和雌性花看起来不同。雄花由许多鳞片组成，每个鳞片的底部都有几个花粉囊。雌花的颜色是棕色的，外观上有绒毛，在茎的先端排列成一个球形的帽子。每片雌性生殖叶都有一个胚珠。由昆虫授粉，种子立即发芽，没有休眠期。苏铁是裸子植物，即不会产生果实。

剧毒物种

苏铁这种植物的所有部分都有剧毒，特别是种子，它含有最高浓度的毒素（苏铁苷）。如果摄入，12小时后会开始出现症状：呕吐、腹泻、黄疸、自发性出血、腹水（腹部出现游离液体），最后是肝衰竭。死亡率在50%~75%，取决于摄入的数量和得到及时治疗的时间。

提到一种只在非常有限的地理区域自然生长的物种的毒性似乎有些夸张，但现在苏铁在世界各地的公园和花园里是很常见的，我们必须确保儿童和宠物不要靠近它。

叶子

苏铁的新叶片的小叶子通常以一种非常有特色的方式展开，这可能会让人想起一些蕨类植物。

种子

苏铁的种子很大，有一层厚厚的外皮，由三层组成，最后一层是肉质的。它们可以在母株上附着数年。

蕨类植物

蕨类植物是维管束植物，就如同被子植物和裸子植物一样，它们与被子植物和裸子植物一起构成气管植物类群的一部分。但蕨类植物有真正的根、茎和叶，与被子植物和裸子植物不同的是，蕨类植物不开花、不结果、不结籽。

蕨类植物，如水龙骨以及被称为石松的植物。

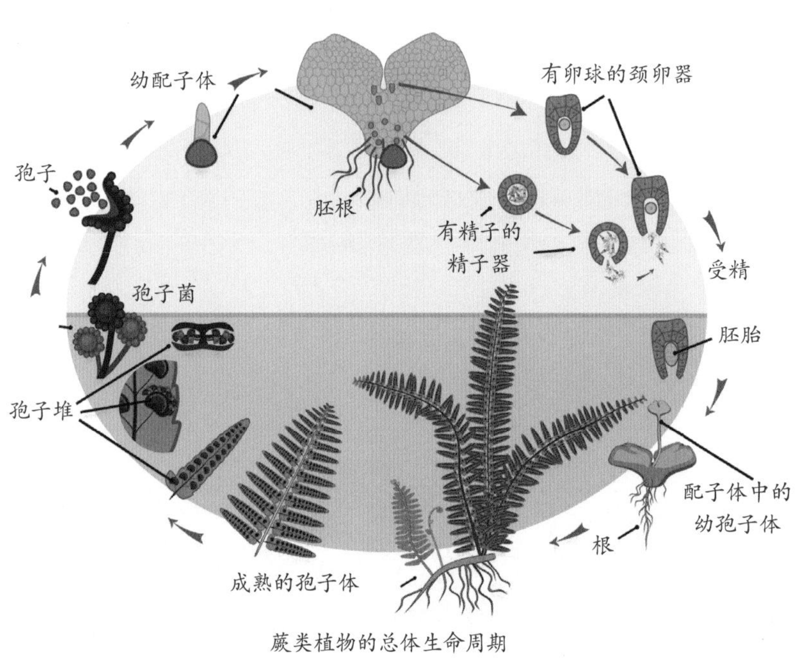

蕨类植物的总体生命周期

世代交替

蕨类植物的基本特征之一是它有两个独立的且随时间交替的器官：孢子体和配子体。第一个阶段是无性阶段，在植物的生命中占主导地位，孢子体由根、茎和叶组成，其形状因物种而不同，并有传导组织。它通常是陆生的，只有少数物种适应水生生活。茎可能是直立的，如树状蕨类植物，但更常见的是匍匐的，生长在地面上或埋在地下。叶子或叶片通常是光合作用器官，形成产生孢子的孢子囊。这些孢子可以单独或成群生长（孢子囊）。叶子的形状、数量和在茎上的排列是可变的。

第二阶段是有性阶段。配子体是一个独立的器官，在孢子萌生时产生，与孢子体不同，它的结构是叶状的，即没有真正的分化组织。在其中形成两种类型的性细胞生产器官：颈卵器（雌性，形成非运动性的卵球）和精子器（雄性，形成有鞭毛的精子）。受精后（水的存在总是必要的），形成一个胚胎，当它长出几片叶子和根部到达地面时，就独立于配子体，开始独立生活，产生一个新的孢子体。

蕨类植物的古老性

蕨类植物是现在最古老的维管束植物，在大约4亿年前就已经存在了。第一个物种已经拥有导电组织，结构非常简单，用于运输食物。至于叶子，它们最初只不过是植物主轴的简单扩展，其任务是增加光合作用的面积，被称为微藻。在更多的进化群体中，光合作用表面积的增加，是通过将这些扁平的枝条联合起来形成大叶子或巨叶来实现的。

蕨类幼叶，从成熟孢子体的根茎中萌发。

就生殖系统而言，随着群体的进化，孢子体成为生命周期的主导阶段，而配子体的大小则逐渐减少。在孢子囊中产生的孢子可能都是相同的（同种孢子），然后形成产生卵球和精子的配子体，或者它们可能是两种不同类型的孢子，其中一个形成产生卵球的配子体，另一个形成产生精子的配子体。

石松亚门

石松属于蕨类植物，其中有已灭绝的物种，也有今天仍然存在的其他物种。石松在石炭纪时期非常丰富，是形成森林的树状物种，到今天已转化为煤层。它们的主要特征有：

- 石松是陆生植物，生长在沼泽、湖泊栖息地、岩石或其他植物上，但不是寄生植物。
- 孢子体结构相当原始。

- 叶子是微粒的。
- 世代交替非常明显，有自由生活的孢子体和配子体。
- 有些属的物种是同孢子的，即只有一种类型的孢子产生配子体，同时产生卵球和精子，例如石松属。其他属是异孢子的，即有产生雄性配子体的小孢子和产生雌性配子体的大孢子，例如卷柏属。

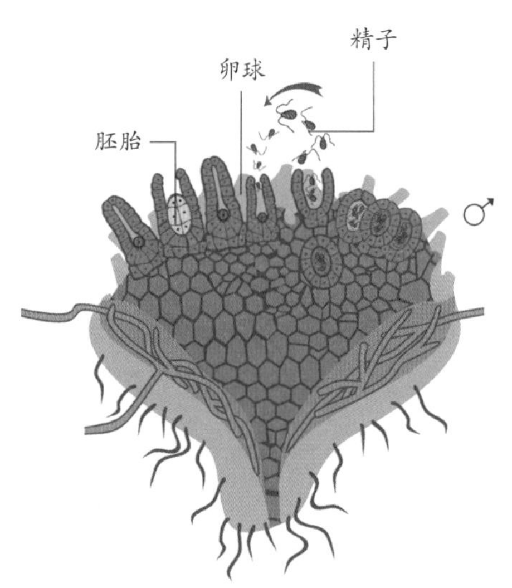

东北石松（*Lycopodium clavatum*）的配子体，同时产生雄性生殖细胞（精子）和雌性生殖细胞（卵球）。

真蕨亚门

真蕨亚门是进化程度最高、数量最多、多样化程度最高的蕨类植物。根据化石记录，它们似乎在石炭纪和侏罗纪经历了显著的增长和发展，但在白垩纪末遭受了明显的衰退，与被子植物的扩张相吻合。现存的大多数蕨类植物属都出现于第三纪早期。

真蕨亚门植物的主要特征有：

- 它们的大小区别很大，从近12米的树蕨，如番桫椤，到5～10厘米高的低矮植物，如药蕨。
- 孢子体充分分化为根、茎和叶（大叶）。
- 根状茎通常在地下，或在树状蕨类植物中为柱状。
- 在大多数物种中，叶子执行光合作用和孢子生产的双重功能，被称为营养孢子叶。但有些物种为每种功能发展出不同类型的叶片：叶绿体执行叶绿素功能，孢子囊产生孢子。
- 孢子囊可以是单独的或分组聚集的。
- 孢子可能是裸露的，没有任何保护，或由表皮来源的覆盖物保护，称为胚被，或由叶缘保护，称为假孢膜。
- 在孢子囊中，孢子的成熟可以同时发生，也可以分别成熟，即从中心的孢子开始，或者通过一个混合系统，逐渐成熟。
- 异孢子蕨类植物的配子体（两种孢子）是两性的，具有片状的形状，可以是外生的和有叶绿素的，或者是地下的和无叶绿素的。

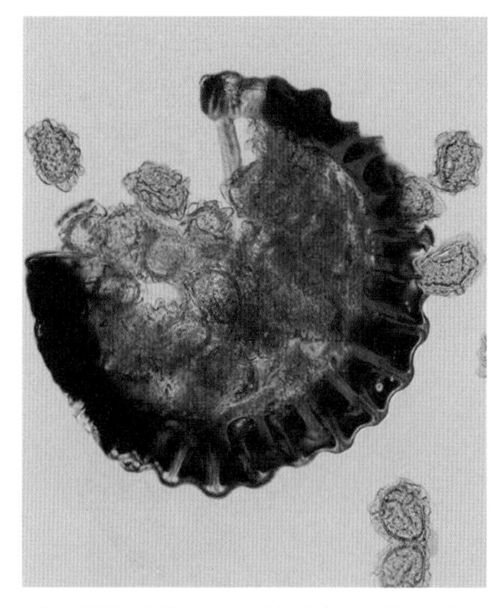

图为微小耳蕨经显微镜放大400倍的孢子囊的开口和孢子的出口。

- 异孢子蕨类植物的配子体（一种孢子类型）是单性的，并且高度退化。

图为松叶蕨的孢子囊（合生孢子囊）。

铁角蕨属植物的孢子聚集在线性孢子囊中。

蕨类植物门

蕨类植物门分为松叶蕨、石松、水韭、楔叶和真蕨5个亚门，物种共约1.2万种。

松叶蕨亚门只有一个纲，即松叶蕨纲。

松叶蕨目（松叶蕨）

石松亚门有两个纲，即工蕨纲与石松纲。

1. **工蕨纲**（已灭绝）
2. **石松纲**

石松目（石松）
卷柏目（卷柏）
镰木目（已灭绝）
鳞木目（已灭绝）
肋木目（已灭绝）
原始鳞木目（野外已灭绝）

水韭亚门也只有一个纲，即水韭纲。

水韭目（宽叶水韭）

楔叶亚门也只有一个纲，即木贼纲。

木贼目（木贼）
羽歧叶目（已灭绝）
叉叶目（已灭绝）

真蕨亚门，分为3个纲，6目，约57科。

1. **厚囊蕨纲**

瓶尔小草目（瓶尔小草）
合囊蕨目（合囊蕨）

2. **原始薄囊蕨纲**

紫萁目（紫萁）

3. **薄囊蕨纲**

水龙骨目（中华水龙骨）
苹目（苹）
槐叶苹目（槐叶苹）

蕨类植物

如果不说名字，就外观而言，大家对本节中的许多植物可能都很熟悉。这些蕨类植物经常被用作家庭观赏植物，如牛角蕨、皇家蕨、铁线蕨和巢蕨（铁角蕨属）。其他一些植物也很好辨认，因为它们在世界各地的森林中很常见，例如欧洲蕨。还有另一个不太常见的属，如小阴地蕨属、瓶尔小草属和松叶蕨属，据估计它们有近3亿年的历史。壮观的树蕨比它们更古老，是与恐龙和其他史前动物共享地球的植物群遗迹的一部分。它的外观让人想起棕榈树。

七指蕨
（*Helminthostachys zeylanica*）
瓶尔小草目
原产地：东南亚和澳大利亚

硬蕨
乌毛蕨（*Blechnum orientale*）
水龙骨目
原产地：南半球的热带地区

巨型槐叶萍
人厌槐叶苹
（*Salvinia molesta*）
槐叶苹目
原产地：巴西东南部

海金沙
海南海金沙（*Lygodium circinnatum*）
水龙骨目
原产地：中国、亚洲东南部和太平洋岛屿

基拉尼蕨 Pm
鬃蕨属未定种
（*Trichomanes speciosum*）
水龙骨目
原产地：西欧

葡萄蕨或响尾蛇蕨
蕨萁
（*Botrychium virginianum*）
瓶尔小草目
原产地：美洲、欧洲和亚洲

扫帚蕨
松叶蕨（*Psilotum nudum*）
松叶蕨目
原产地：美洲、亚洲和非洲的亚热带地区，以及西班牙南部和北大西洋群岛

桂皮蕨
桂皮紫萁
（*Osmundastrum cinnamomeum*）
紫萁目
原产地：美洲和东亚

多毛蕨
膜蕨属未定种
（*Hymenophyllum pulcherrimum*）
水龙骨目
原产地：新西兰

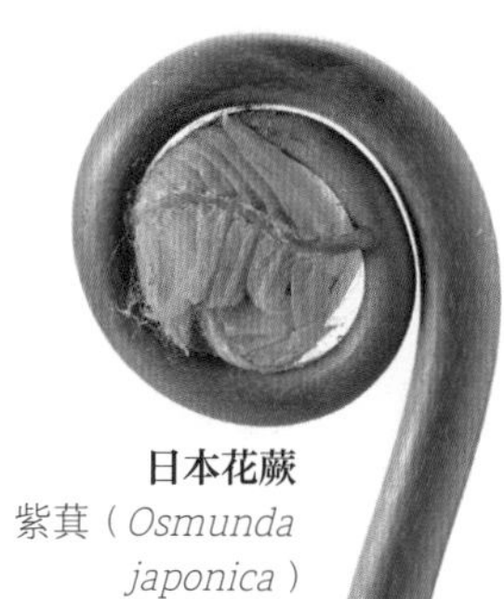

日本花蕨
紫萁（*Osmunda japonica*）
紫萁目
原产地：亚洲东部

水三叶草 Pm
苹（*Marsilea quadrifolia*）
苹目
原产地：欧洲中部和南部以及亚洲

铁线蕨
铁角蕨（*Asplenium trichomanes*）
水龙骨目
原产地：全球

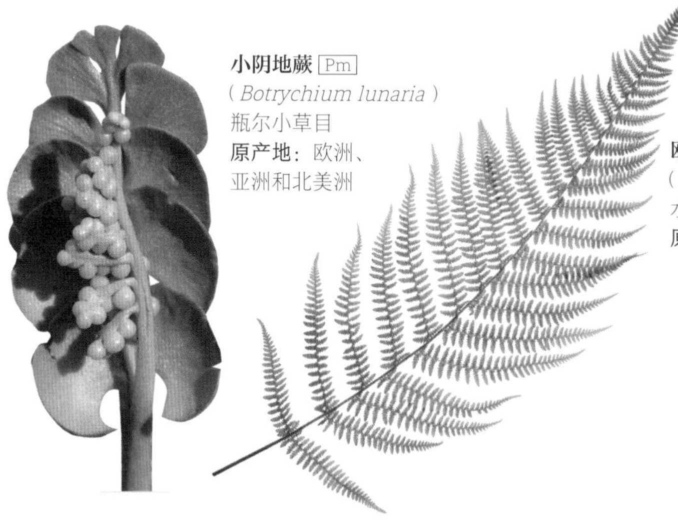

小阴地蕨 Pm
（*Botrychium lunaria*）
瓶尔小草目
原产地：欧洲、亚洲和北美洲

欧洲蕨
（*Pteridium aquilinum*）
水龙骨目
原产地：全球

皇家蕨 cA
高贵紫萁
（*Osmunda regalis*）
紫萁目
原产地：欧洲、非洲、亚洲和美洲

鸡毛蕨
铁芒萁
（*Dicranopteris linearis*）
水龙骨目
原产地：世界的热带地区

伞蕨
康宁汉假芒萁
（*Sticherus cunninghamii*）
水龙骨目
原产地：新西兰

二叶苹
（*Regnellidium diphyllum*）
苹目
原产地：巴西

普通多足蕨 cA
欧亚多足蕨
（*Polypodium vulgare*）
水龙骨目
原产地：欧洲、非洲、亚洲和北美洲

树蕨
笔筒树（*Cyathea lepifera*）
水龙骨目
原产地：东亚和东南亚

软树蕨
（*Dicksonia antarctica*）
水龙骨目
原产地：澳大利亚

美洲满江红
（*Azolla caroliniana*）
槐叶苹目
原产地：欧洲、亚洲和美洲

普通球子蕨
欧洲羽节蕨（*Gymnocarpium dryopteris*）
水龙骨目
原产地：美国东北部和加拿大

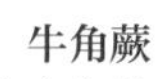

巢蕨 cA
（*Asplenium nidus*）
水龙骨目
来源：全球

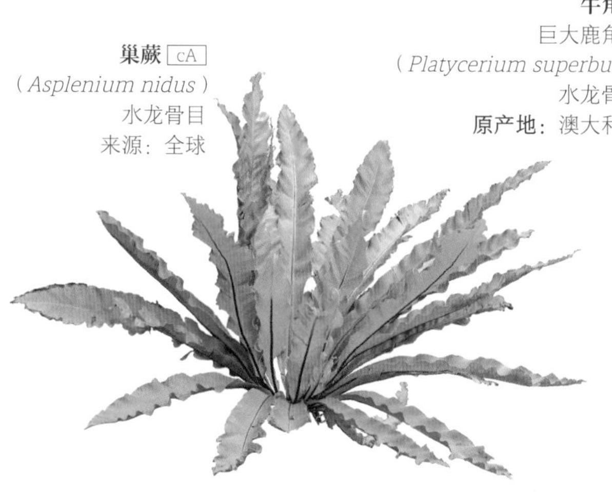

牛角蕨
巨大鹿角蕨
（*Platycerium superbum*）
水龙骨目
原产地：澳大利亚

蛇舌草 A
瓶尔小草
（*Ophioglossum vulgatum*）
瓶尔小草目
原产地：北半球

树状蕨类植物

涉及多个属和种

目：水龙骨目

科：涉及多个科

树状蕨类植物是一系列不开花的植物，属于水龙骨目，可以具体分为8科14属。它们中的大多数有一个高度发达的茎，看起来像一个树干，但实际上不过是死后脱落的叶子基部形成的集合体；其他属的植物没有“树干”，而是在地面上生长着根茎。在某些情况下，茎部被毛和叶子覆盖，在其他情况下被鳞片覆盖。今天存在的所有物种都起源自非常遥远的科，有些可以追溯到3.8亿年前的中泥盆纪。

叶子

树状蕨类植物的叶子生长在茎的末端，形成一个假冠，使植物看起来像一棵棕榈树。

生长

与番桫椤属植物不同，蚌壳蕨属植物生长得非常缓慢。

高度

根据具体品种的不同，高度从25米的澳大利亚桫椤（*Cyathea australis*）到1.5米的韩氏桫椤（*Cyathea hancockii*）。

濒危

大多数树状蕨类植物的生存都受到威胁。

生存环境

树状蕨类植物的栖息地与热带和亚热带气候地区密切相关，那里的温度和湿度都非常高。但也有一些物种生长在寒冷、潮湿的高山森林中，那里海拔高度为两三千米，如鬼桫椤（见左下图）。大多数原产于南半球。物种最丰富的地区是南美雨林，特别是在巴西，以及遍布马来西亚、新西兰和夏威夷群岛的森林。在所有这些地区，树状蕨类植物占据了森林的中层或下层，抵达那里的光照很少。

原产于新西兰的银树蕨（银背番桫椤）的新叶子正在舒展。在毛利语中，它被称为卡蓬加或蓬加。

鬼桫椤是一种罕见的小型树状蕨类植物，生长在中国台湾海拔2000米的山地和云雾森林中，其树干可以达到2米高。它有一个大的双羽状叶冠。

库伯番桫椤是澳大利亚的一种树状蕨类植物，图为其茎上脱落的叶子留下的疤痕。

生长变量

并非所有的树状蕨类植物都以同样的速度生长。例如，蚌壳蕨属的植物软树蕨（*Dicksonia antarctica*）和纤维蚌壳蕨（*Dicksonia fibrosa*），生长速度非常慢，每年长约2.5厘米。相比之下，番桫椤属植物生长迅速，因此它是园艺中最常用的植物。由于濒临生存的威胁，这些植物受到《濒危野生动植物种国际贸易公约》（CITES）的保护。

繁殖

与所有蕨类植物一样，树状蕨类植物的繁殖是通过孢子在孢子囊中生长而完成的。它们位于叶子的底部或叶子的边缘，具体取决于物种。孢子囊中，孢子的存在与否，取决于覆盖和保护它们的保护膜是否完好。孢子呈现出球状或四面体的形状。萌发后，每个孢子产生一个绿色配子体，根据不同的属，或多或少地发育出气生茎或根茎。

黑树蕨（髓质番桫椤）的叶子是该类植物中最大的，可达6米长。

石松

如今，石松纲所属的植物存活下来的物种不多，因为大多数物种在白垩纪末期和新生代初期就消失了。然而存活下来的物种，它们形成了今天的物种。这一类植物包括众所周知的卷柏，以及其中包含一些“稀有”的植物，如石松和石杉，广泛用作观赏性植物。最后，我们不能不提到所谓的“复活植物”（鳞叶卷柏），它可在休眠或“悬浮生命”状态下能抵抗极长的干燥期。具体情况我们将在之后详细解释。这种植物不应该与含生草混淆。含生草是一种双子叶植物，属于十字花科，但它的防御机制非常相似。

珊瑚卷柏
（*Selaginella martensii*）
卷柏目
原产地： 墨西哥和中美洲

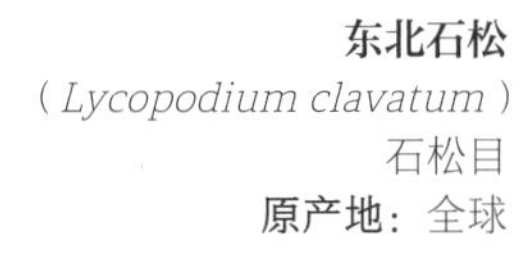

东北石松
（*Lycopodium clavatum*）
石松目
原产地： 全球

孔雀蕨
藤卷柏
（*Selaginella willdenowii*）
卷柏目
原产地： 亚洲和美洲

复活植物
鳞叶卷柏
（*Selaginella lepidophylla*）
卷柏目
原产地： 奇瓦瓦沙漠

密叶卷柏
兖州卷柏（*Selaginella involvens*）
卷柏目
原产地： 日本、中国和韩国

地雪松
扁枝石松属未定种
（*Diphasiastrum digitatum*）
石松目
原产地： 加拿大东部和美国东北部

扁枝石松
(*Diphasiastrum complanatum*)
石松目
原产地：北半球的寒冷地区

小杉兰 Pm
(*Lycopodium selago*)
石松目
原产地：西欧

大卷柏
卷柏属未定种
(*Selaginella grandis*)
卷柏目
原产地：加里曼丹岛

荫生卷柏
(*Selaginella umbrosa*)
卷柏目
原产地：中美洲和南美洲北部

红柄卷柏
(*Selaginella erythropus*)
卷柏目
原产地：坦桑尼亚

小翠云
(*Selaginella kraussiana*)
卷柏目
原产地：热带和南部非洲

粗糙尾杉
(*Huperzia squarrosa*)
石松目
原产地：全球

卷柏

卷柏属
（*Sellaginella sp.*）
目：卷柏目
科：卷柏科

卷柏这一类植物在地质历史上起源于非常遥远的时代。这一点从目前发现的非常相似的物种的化石可以看出。这些化石来自石炭纪。当时卷柏是地球上主要植物群的一部分，直到三叠纪（大约2.5亿年前）环境条件发生变化，有利于种子植物的发展和多样化。在任何情况下，卷柏都设法生存下来，并在今天的生态系统中极具代表性。

高度

卷柏属植物，作为草本植物，根据物种不同，高度为5～15厘米。

观赏性

许多物种被作为观赏性室内植物，种在高湿度且半阴的环境中。

树叶

所有物种都有两种类型的叶子：无性繁殖的普通叶子，以及带有孢子的叶子。

茎

茎非常纤细和精致，有利于攀缘或匍匐生长，在这种情况下，外观类似于苔藓。

识别

卷柏属的所有物种都有一个攀缘或匍匐的茎，能在一个平面上进行二分裂，其内部由分化良好的木质传导组织覆盖。茎上长出小的、单独的、尖的叶子，没有花梗或叶柄，在茎上呈螺旋状排列。这些叶子呈三角形，叶脉没有分支（它们只有一条叶脉）。底部有一个没有叶绿素的膜质器官或叶舌。根部极细且数量少。

繁殖

卷柏属植物生殖是通过孢子的方式进行的，这些孢子是长在枝条顶端的孢子囊内的，孢子囊有特殊的鳞片状叶子，与普通的叶子非常相似，但长度几乎是普通叶子的两倍。孢子囊有两种类型：有些产生雌性孢子（大孢子），每个孢子囊有四个孢子，大且呈黄色；有些产生雄性孢子（小孢子），比前者多得多，体积小，颜色偏白。在一些物种中，如西伯利亚卷柏，新植株不与母株分离，并在其庇护下发育成熟，几年后产生一串植物。

分布

卷柏属共计约有700种，主要分布在热带地区。一般来说，尽管有些物种已经习惯于生活在降雨量少、土壤贫瘠、沙质的干燥环境中，如高山地区和沙漠，但是几乎所有的物种都喜欢温暖、潮湿的气候。在恶劣环境下生长的一个很好的例子是鳞叶卷柏。鳞叶卷柏原产于墨西哥的奇瓦瓦沙漠，它可以在一年中的几个月内承受高度干燥；枝条向中心弯曲，叶子似乎干枯了；在这种状态下，它能够失去高达95%的内部水分并保持休眠状态。当再次有水时，鳞叶卷柏会重新变绿。

图为茎和小植株叶的二分生长细节。

孔雀蕨（藤卷柏）的蓝色虹彩是由于叶子上部角质层中的一层薄薄的细胞反射光线所致。

在一些物种中，如草地卷柏，茎很低，密密麻麻地挤在一起，因此它们会形成苔藓状的地面覆盖草甸。

苔藓植物

苔藓植物是非维管植物，其生长与绿藻有关，因为它们与绿藻一样，有色素和储备营养。苔藓植物是一个非常古老的植物群体，大约在5亿年前开始进化，也是首先在陆地环境演化、繁衍的植物。目前有900个属、大约2.4万个物种，分为角苔纲、真藓纲、苔纲和藻苔纲苔藓、肝虫和拟人动物。

突出的特点

能够把这些植物定义为一个群体并将它与其他植物区分开来的两个特征如下：

- 苔藓植物缺乏专门的传输组织来运输营养物质。其余的组织非常简单和原始，所以它们不能长出真正的根、茎和叶。
- 苔藓植物清楚地展示出了配子体（植物产生配子或性细胞的部分）和孢子体（植物产生无性孢子的部分）之间的世代交替。与其他植物不同，配子体总是比孢子体大，而孢子体则依赖于配子体。

我们认为的“植物”是配子体，其形状可能是片状的，或者更常见的是类似于茎的叶子和假根，它将整个植物连接到基质。在这个配子体中，雄性性器官（精子器）和雌性性器官（颈卵器）才得以诞生。

与其他植物不同，苔藓“可见”的绿色部分不是孢子体，而是配子体。上图中，配子体是生长在岩石上的绿色部分，而孢子体则是突出的茎干。

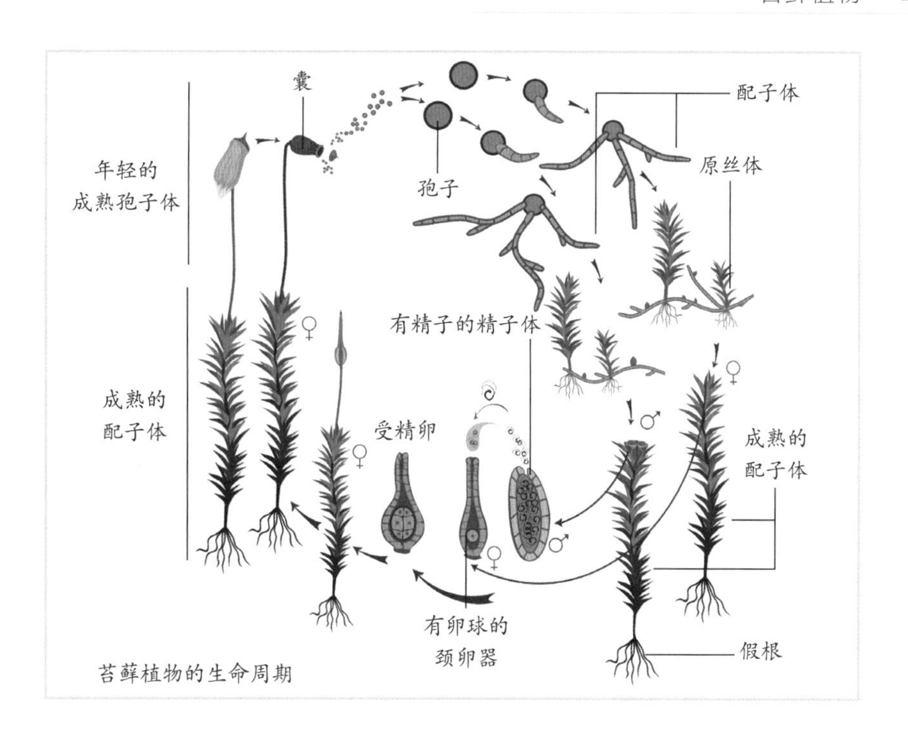

孢子体总是出现在配子体上，在这里面我们可以区分出具有固定功能的茎、花序或伞状物和一个囊，孢子就在里面产生。这个囊可能有或无盖或萼片的保护。

其他一般特征

这类植物显示出一系列的基本特征，使它们容易被识别。

- 它们一般是陆生植物，只有少数物种是水生物种。
- 它们通常体积小，高度通常不超过20厘米。
- 它们在潮湿地区非常多，但也可以在温度较高的相对干燥的地方找到。
- 它们是自养植物，因为它们有光合作用的色素（叶绿素a和b）和类胡萝卜素。
- 它们对光照强度的要求比其他植物低，能够在0.1%的光照强度下生存。

繁殖

有性生殖是通过雄性精子与雌性卵球的结合进行的。

精子在精子器中产生，有丝状形态和两根鞭毛，因此在其周期的某个阶段，它们需要水来受精。当精子成熟后，它们出现并游向颈卵器，进入颈卵器后与卵球结合并产生受精卵。

精子器和颈卵器都可以位于同一植物上或不同植物上。在这两种情况下，过程如上所述进行。

一旦形成胚胎，它就开始分裂并产生孢子体。孢子是在孢子体内部产生的。孢子落入一个合适的区域，发芽并产生一个称为质子体的光合作用结构。在此基础上，配子体发育并结束生命周期。

分布情况

如前所述，它们是遍布世界各地的陆生植物，可以在除海洋和沙漠生境以外的所有生境中定居。此外，它们能很好地耐受极端温度，可以在阳光灼热的岩石上生长，也可以在格陵兰岛的寒冷平原或喜马拉雅山的最高峰上生长，那里的积雪是永久性的。

它们还能承受环境的干燥，因为它们有能力保留大量的水（它们通过叶子吸收水，从不通过根茎吸收水，根茎的唯一功能是固定植物）。例如，已经表明，泛生墙藓（*Tortula muralis*）这个物种可以在没有任何外部水供应的情况下保持14年的休眠状态。

普通苔纲植物地钱（*Marchantia polymorpha*）是一个分布广泛的物种，能够在热带和北极环境中生长。

真藓纲植物

配子体可能具有带叶子的茎的形式，因此直立生长，或者它可能是有光泽的，匍匐生长。在这两种情况下，它仍然通过分枝的多细胞根茎被附着在基质上，质膜很发达，在一些物种中是持久的。

孢子体较小，可进行光合作用。孢子囊由一个盖保护，并通过盖打开。

泛生墙藓生长在不超过3毫米高的软垫草坪上。孢子囊是延伸部分，呈圆柱形，有一个圆锥形的盖。

苔藓发挥着重要的生态作用，既是土壤形成的要素，防止土壤退化和保持水分，又是众多无脊椎动物的保护性生态位。

在这一类别中，真藓纲是物种数量最多的类别（占总数的95%），但最著名的是泥炭藓纲，属于这一类别中的泥炭藓，具有重要的生态学意义。那些多毛类植物的叶子，帮助它们保存水分。

苔纲植物

苔纲植物的一些属的配子体的形状是扁平的。与这种扁平的无叶配子体相反，其他属的配子体发展为有叶的配子体。将它们附着在基质上的根状茎是单细胞的，不分枝。原子膜的发育非常差。

与真藓纲植物相比，苔纲的孢子体的生活更依赖于配子体。其孢子囊没有盖，开口是通过瓣膜进行的，没有衍生物。

它们通常生活在潮湿的地方，在地面上，偶尔也生活在岩石、树木或其他为它们提供坚实支撑的底层。

角苔纲植物

这些一两厘米高的植物，通常生活在阴凉的斜坡上。配子体与有茎苔相似，呈放射状生长，形成莲座。根状茎是单细胞的，不分枝。

孢子体由一个脚和一个囊组成，囊在其上端打开成两个瓣。此外，这种孢子体的生长是无限的，因为它在脚和囊之间有一个特殊的组织。只有在条件不利的情况下，生长才会中断。

苔藓植物门

苔藓植物门总共有四个纲，共计有大约2.4万种。

角苔纲植物，分为1个目，有200~250种。

角苔目（角苔）

真藓纲植物，分为15个目，约有1.5万种。

黑藓目（多态黑藓）
无轴藓目（中华无轴藓）
烟杆藓目（花斑烟杆藓）
曲尾藓目（曲尾藓）
真藓目（卷叶真藓）
凤尾藓目（卷叶凤尾藓）
葫芦藓目（狭叶葫芦藓）
紫萼藓目（卷柏紫萼藓）
油藓目（尖叶油藓）
灰藓目（大灰藓）
变齿藓目（水藓）
金发藓目（金发藓）
丛藓目（丛藓）
泥炭藓目（尖叶泥炭藓）
四齿藓目（四齿藓）

苔纲植物，分为4个目。

美苔目（圆叶裸蒴苔）
叶苔目（圆叶苔）
地钱目（地钱）
叉苔目（叉苔）

藻苔纲植物，分为1个目。

藻苔目（藻苔）

真藓纲和苔纲植物

真藓纲和苔纲植物，虽然外表不起眼，但在自然界中发挥着重要的生态作用。这些植物不但有助于土壤的形成和保持土壤湿度，对其他植物的生存至关重要，而且所营造的环境是许多种无脊椎动物的庇护所和栖息地。一般来说，较容易区分的苔藓有三种：真藓，比其他苔藓大，颜色更浓；黑藓，也被称为花岗石苔藓，体积小，孢子囊不通过盖打开，而是通过四个或五个纵向的瓣打开；泥炭藓，可通过其带有许多分支的小茎来识别，其叶片颜色不大，产生的孢子囊是球形的。

绿苔藓和红苔藓 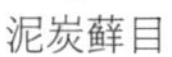
中位泥炭藓（*Sphagnum magellanicum*）
泥炭藓目

青苔藓
凤尾苔属（*Fissidens sp.*）
凤尾苔目

卵叶青藓
（*Brachythecium rutabulum*）
灰藓目

大扫帚苔藓
多蒴曲尾藓（*Dicranum majus*）
曲尾藓目

粗糙扫帚藓
波叶曲尾藓（*Dicranum polysetum*）
曲尾藓目

泥炭藓
泥炭藓属
（*Sphagnum sp.*）
泥炭藓目

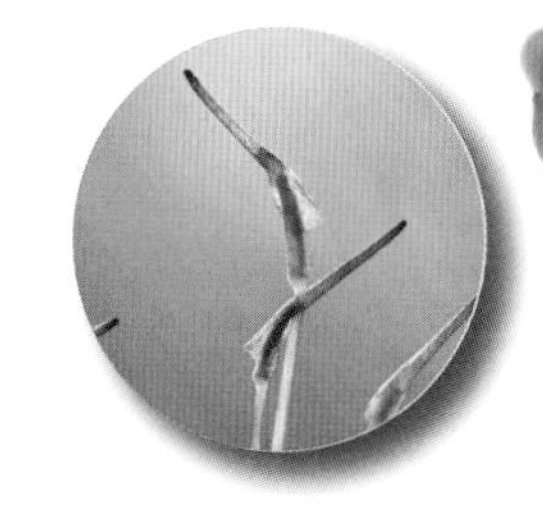

火藓
角齿藓
（*Ceratodon purpureus*）
曲尾藓目

芬兰苔藓
白齿泥炭藓
（*Sphagnum girgensohnii*）
泥炭藓目

精灵帽藓
烟杆藓属（*Buxbaumia sp.*）
烟杆藓目

钝叶木灵藓
（*Orthotrichum obtusifolium*）
变齿藓目

泽藓
（*Philonotis fontana*）
真藓目

毛藓
金发藓
（*Polytrichum commune*）
金发藓目

葫芦藓
葫芦藓属
（*Funaria sp.*）
葫芦藓目

坚果苔藓
短颈藓（*Diphyscium foliosum*）
烟杆藓目

矮囊藓
立碗藓属（*Physcomitrium sp.*）
葫芦藓目

四齿藓
（*Tetraphis pellucida*）
四齿藓目

羽苔
（*Plagiochila asplenioides*）
叶苔目

线藓
黄丝瓜藓
（*Pohlia nutans*）
真藓目

藻类植物

藻类是需要光合作用的植物，能够从无机物产生有机物，将太阳光的能量转化为化学能。它们可以是单细胞也可以是多细胞的，但在多细胞时，其细胞无法形成组织。藻类植物也是真核生物，即它们有真正的细胞核、膜和复杂的染色体。目前大约有4.5万个已知的物种，尽管这组物种正在不断地被修订和研究中。

一般特征

- 藻类通常由一个单细胞、丝状物、细胞板或固体组成。多细胞植物没有组织。因此，它们没有真正的根、茎或叶，而是有一个被称为菌体的结构，在许多情况下，可以识别出三个不同的部分：叶子（假叶）、柄（执行茎的功能）和根状体（固体）。
- 细胞壁主要由含有大量多糖的纤维素组成，具有黏液结构。
- 藻类有性繁殖和无性繁殖。在前者中，配子体产生配子或性细胞；在后者中，孢子体产生孢子或游走孢子。
- 除了各种类型的叶绿素外，藻类还或多或少地含有其他色素，正是这些色素决定了它们的主要颜色。该组植物的分类主要就是根据叶绿色的这一特征决定的。

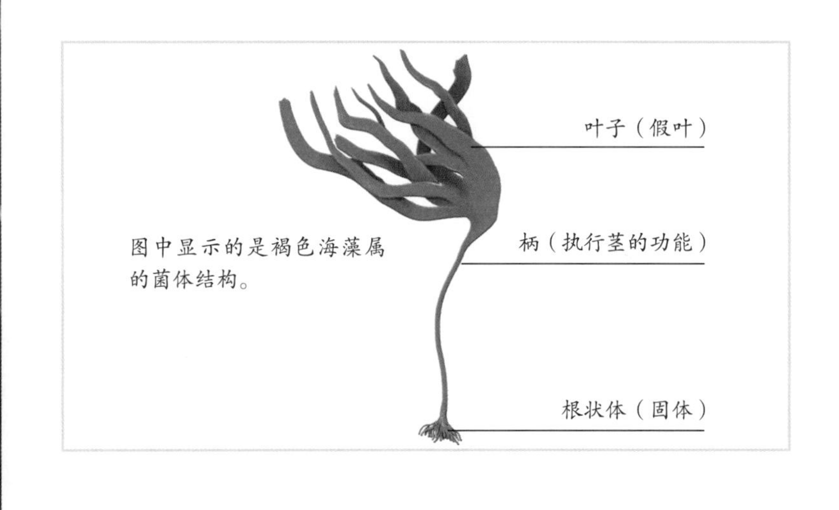

图中显示的是褐色海藻属的菌体结构。

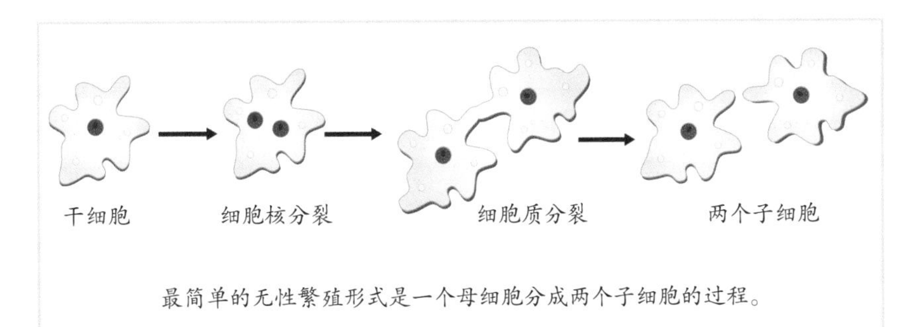

最简单的无性繁殖形式是一个母细胞分成两个子细胞的过程。

繁殖的类型

藻类的繁殖方式，主要可以分为三种：

1. 营养体繁殖，这涉及整个植物或只有部分植物的繁殖。它可以通过以下方式进行。

- 分裂，这是最简单的形式。原生质体从细胞膜上分离出来，通过一次或多次分裂，产生两个（两分体）或更多的个体（多分体）。然后它们长到成年大小。
- 碎裂，指一些组织简单的单细胞生物体将小块的菌体掰下来，形成新植物的过程。这种碎裂可以发生在植物的任何部分，也可以发生在被称为异型囊的特定细胞中。
- 特殊繁殖体，是植物的某些区域在特殊时期，与不利因素进行抗争的繁殖单位。一旦特殊时期过去，繁殖体就会正常发育。

2. 无性繁殖，这是由正常有丝分裂产生的细胞进行的繁殖方式。这些细胞被称为孢子或分生孢子，通常起源于被称为孢子囊的特殊概念体。

3. 有性繁殖，是新一代源于两个性细胞或配子的融合，融合的行为被称为合子。两种不同性别的配子融合的产物是一种称为受精卵的细胞，通过简单的分裂，产生了新的植物。在进化得更好的藻类中，配子是在特殊的器官或配子体中产生的。

- 同配子。雄性和雌性配子没有形态上的差异。
- 雌雄同体。配子的大小因性别而异——较小的雄性配子（小配子）和较大的雌性配子（大配子）。

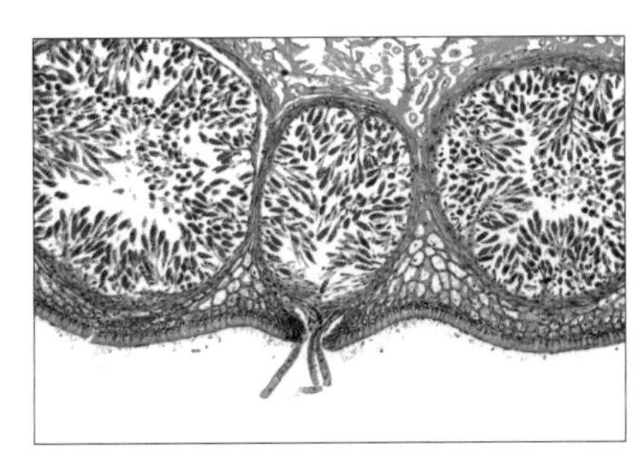

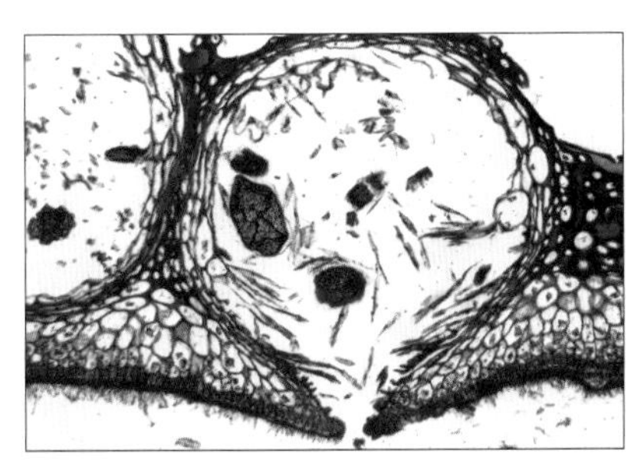

图为显微镜下的褐藻的雄性孢子囊（左）和雌性孢子囊（右），前者形成雄性性细胞，后者形成雌性性细胞。

- 平面繁殖，指长有鞭毛的大小相同或不同的配子的结合。配子被称为游动配子。
- 扁平繁殖，是大小相同或不同的配子的结合。配子被称为非平面配子。
- 异配生殖，是一种非常明显的异质性，在这种情况下，雌性配子没有鞭毛，尺寸很大。

藻类的栖息地

藻类在地球上到处生长，并在几乎所有的环境中定居。绝大多数物种是海洋生物，在这种环境中，它们具有重要的生态意义。在那里，它们可以自由生活并随水流移动（浮游藻类），或固定在岩石、沙子或泥土的底部（底栖或无柄藻类）。还有附生植物，它们生长在其他植物上（例如红树林的根部）或动物上（软体动物和甲壳动物的外壳）。此外，还有淡水物种和少数生活在陆地上的物种。

作为一个群体，它们对光照、温度和湿度条件没有明显的偏好，因为从热带地区到高山雪地或极地环境都可以找到它们。

复杂的分类

藻类形成了一个高度多样化的群体，目前仍在研究之中。一般来说，以下给出的划分是基于某些色素的存在、储备物质的类型、细胞壁的特征和繁殖方式。主要群体如下。

绿藻

绿藻是一个数量非常大且多样化的群体，其中大部分生活在淡水之中（只有10%的物种是海洋生物）。它们与高等植物、苔藓和地钱有许多相似之处，陆地植物就是由它们演化而来的。

它们携带叶绿素a和b、胡萝卜素（黄橙色色素）和黄体素（黄色色素），储备物质以淀粉形式积累。

在绿藻的繁殖方式中，营养体繁殖并不常见。无性繁殖是通过具有两个或四个鞭毛的孢子进行的，有性繁殖在更原始的形式中通过异种繁殖进行。

红藻

红藻是一种种类繁多的藻类，一般是多细胞结构，没有鞭毛。红藻在温暖和热带海洋中特别丰富，但也有部分物种生活在寒冷的海洋和淡水之中。

红藻含有叶绿素a、胡萝卜素和藻胆素（蓝色和红色色素），它们掩盖了叶绿素的绿色，使得这些藻类呈红色或紫色。储备物质以淀粉的形式积累。

在红藻的繁殖方式中，无性繁殖是通过分裂丝的任何部分或分裂丝末端的细胞的分裂进行的，有时红藻也通过孢子进行繁殖。它们的有性繁殖遵循一个复杂的周期。

褐藻

褐藻主要生活在海洋栖息地和温带地区。它们通常较大，具有复杂的分化，将菌体分为附着盘、柄和层状区域。

它们含有叶绿素a和c、胡萝卜素和叶黄素，如褐藻素，这就是褐藻呈现深棕色或橄榄色的原因。储备物质以昆布多糖和脂质的形式存在。

在褐藻的繁殖方式中，无性繁殖是通过菌体的分裂、繁殖体的排放和有无鞭毛的孢子进行的。有性繁殖是通过异种繁殖进行的。

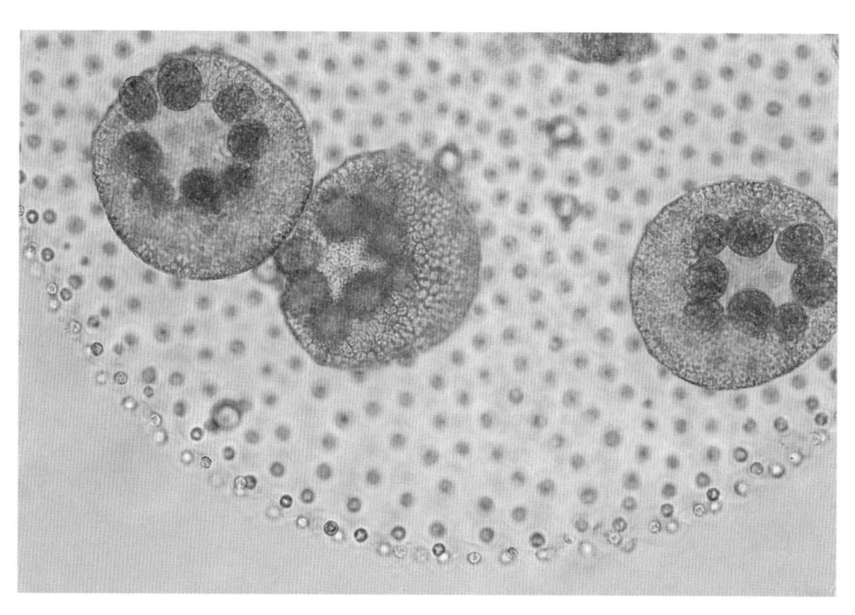

全黄色团藻是一种生长在淡水中的绿藻，形成由300～3200个细胞组成的菌落。这些菌落聚合体的直径为5～8微米。

金藻

浮游生物中的植物，大多是通过光合作用维持生存的单细胞生物或菌落生物。

它们含有叶绿素a和c、胡萝卜素和褐藻素。储备物质以白细胞素的形式存在。硅藻属于这类植物，其特点是细胞壁被二氧化硅浸渍，形成一个带有两瓣的坚硬外壳，两瓣一前一后，使得硅藻如同一个带盖子的盒子。

某些色素的存在和丰富程度使藻类具有独特的颜色。

藻类植物主要分类

藻类植物总共约有4.5万种。主要分为：

1. **灰藻门**，约有13种，都是淡水单细胞生物。
2. **红藻门**，约有7000种。
   红藻纲（紫菜）
3. **蓝藻门**，约有1500种。
   蓝藻纲（青绿藻属物种）
4. **绿藻门**，约有1万种。
   绿藻纲（海莴苣）
   轮藻纲（轮藻属物种）
5. **褐藻门**，有1500～2000种（马尾藻、墨角藻属物种）。
6. **金藻门**，约有1000种，大部分物种（如棕鞭藻属物种）生长在淡水中。
7. **黄藻门**，约有600种，主要分布于淡水和陆地土壤，如无隔藻属物种。
8. **硅藻门**，约有2万种，在浮游植物中很常见。
9. **裸藻门**，主要生存于富含有机物的淡水中，如裸藻属物种。
10. **甲藻门**，约有2400种，构成海洋和淡水浮游生物的一部分，如夜光藻属物种。
11. **定鞭藻门**，多分布于海洋、海岸带，如海洋球石藻属物种。
12. **隐藻门**，约有200种在海洋和淡水中生活的物种。

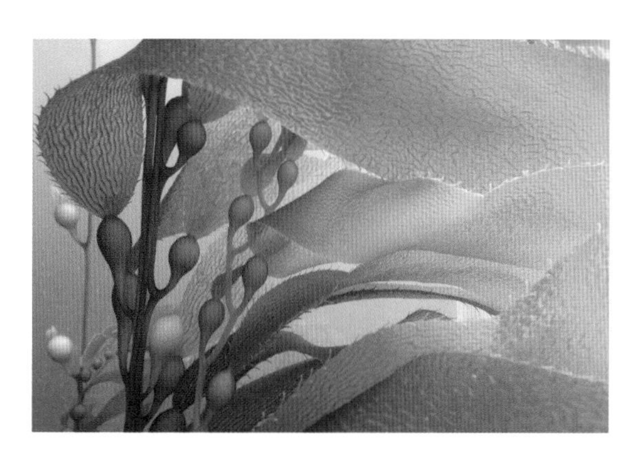

绿藻、褐藻和红藻

藻类是一个非常多样化的群体，具有重要的生态意义，因为它们是生物圈的主要初级生产者。它们是许多海洋动物物种的主要食物，它们所构成的环境是一些海洋生物的庇护所，有些对珊瑚礁的形成至关重要。从经济角度来看，它们对于食品、药品及农产品生产等行业都具有重要意义。然而藻类也会产生有害的影响，如赤潮（藻类过度生长并释放毒素），或一些藻类与珊瑚争夺栖息地，导致所谓的珊瑚脱色或白化。应该指出的是，这些有害影响大多来自人类对环境的破坏。

多泡马尾藻
水解墨角藻（*Fucus vesiculosus*）
墨角藻目
原产地：欧洲和北美洲之间的大西洋

假星星苔藓
宽果藻
（*Mastocarpus stellatus*）
杉藻目
原产地：爱尔兰和大不列颠的沿海地区

鲜奈藻
日本鲜奈藻（*Scinaia furcellata*）
海索面目
原产地：大西洋（挪威至摩洛哥）、地中海和印度洋（印度和肯尼亚的海域）

球藻
（*Sphaerococcus coronopifolius*）
杉藻目
原产地：大不列颠沿海

仙掌藻
仙掌藻属未定种
（*Halimeda copiosa*）
羽藻目
原产地：太平洋珊瑚礁

仙菜
仙菜属未定种
（*Ceramium rubrum*）
仙菜目
原产地：全球

天门冬
海门冬属未定种
（*Asparagopsis armata*）
柏桉藻目
原产地：南半球

海带
（*Dilsea carnosa*）
杉藻目
原产地：大西洋的欧洲部分

海索面
海索面属未定种
（*Nemalion helminthoides*）
海索面目
原产地：全球

天鹅绒喇叭
松藻属未定种
（*Codium tomentosum*）
松藻目
原产地：大西洋东北部

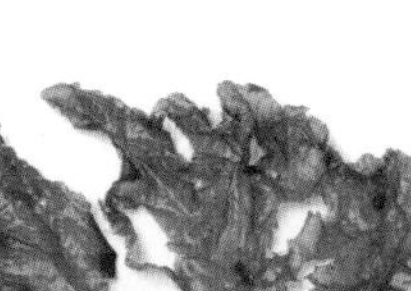

海生菜
石莼（*Ulva lactuca*）
石莼目
原产地：全球

管状灌木藻
白果胞藻
（*Tricleocarpa fragilis*）
海索面目
原产地：亚热带的海洋

海蕨
羽状内卷藻
（*Osmundea pinnatifida*）
仙菜目
原产地：大西洋的欧洲部分

杉藻
杉藻属未定种
（*Gigartina pistillata*）
杉藻目
原产地：从英国到南非

紫菜
脐形紫菜
（*Porphyra umbilicalis*）
红毛菜目
原产地：英国、爱尔兰、日本和韩国

"皇家孔雀扇"
团扇藻属未定种
（*Padina pavonica*）
网地藻目
原产地：热带海洋

海带
网地藻
（*Dictyota dichotoma*）
网地藻目
原产地：温带和亚热带的海洋

掌状红皮藻
（*Palmaria palmata*）
掌形藻目
原产地：大西洋和太平洋的北岸

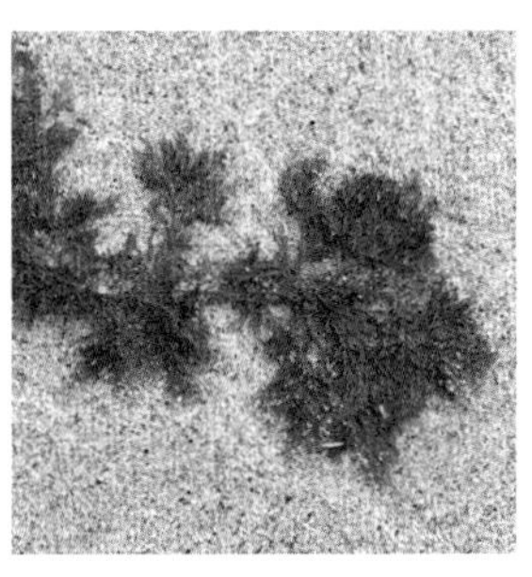

美叶藻
美叶藻属未定种
（*Callophyllis laciniata*）
杉藻目
原产地：从挪威到摩洛哥以及地中海

绢丝藻
绢丝藻属
（*Callithamnion sp.*）
仙菜目
原产地：大西洋和太平洋

平海带
平海带属
（*Laminaria sp.*）
海带目
原产地：北大西洋和北太平洋

海葡萄
长茎葡萄蕨藻
（*Caulerpa lentillifera*）
羽藻目
原产地：全球

海莴苣

石莼（*Ulva lactuca*）
目：石莼目
科：石莼科

石莼这种绿色的海藻很易于识别。它的叶子，大而扁平，呈膜状。由于石莼的外观像莴苣叶，因此它通常被称为海莴苣。这些叶子是半透明的，有不规则的轮廓，特别是边缘呈波浪形。它们由两层圆形、有棱角的细胞组成，以无序的方式排列，周围有黏液状物质。在这个薄片的一端，出现了一个类似于胶盘的结构，把根茎类植物固定在基质上。

叶状体

石莼的叶状体一般都较大，是绿色的，呈片状或叶状，有时长达1米。

维生素和矿物质

莼菜含有维生素A和维生素C、镁、碘、铁、钠、钾、磷、硫、锌、铜、锰和钙。

生态地位

海莴苣是许多海洋生物喜欢的食物，包括无脊椎动物和鱼类，如黄尾副刺尾鱼（*Paracanthurus hepatus*），这是一种栖息于珊瑚礁的鱼类物种。

石莼的叶状体的特征外观类似于莴苣的叶子，因此“海莴苣”这个名称很受欢迎。

繁殖

石莼最常见的繁殖形式是通过碎片进行无性繁殖。然而，它也通过平面繁殖进行有性繁殖，即通过带有鞭毛的配子进行繁殖，这些配子被称为游动配子。在这个物种中，雄性和雌性配子在不同的藻类中产生（雌雄异体的物种），它们通过片状边缘的颜色来区分：雄性的“脚”是黄绿色，雌性的是深绿色。两种性别的配子大小基本相同（弱异配）。当雄性配子和雌性配子结合时，它们会产生一个卵细胞或受精卵，整个植物将从这里发育。

分布

石莼生长在潮间带浅水区，大约20米，潮间带是潮水退去时留下的未被覆盖的区域。它一年四季都可以在任何类型的海岸线上找到。在淡水流入大海的地方，尤其是在靠近下水道和港口的地方，那里有机物供应充足，这种情况特别频繁。它通常附着在岩石上，但也经常发现它在水中自由漂浮，特别是在有遮蔽的地方。较老的个体通常被一种棕色的藻类所覆盖，这种藻类以棕色斑块的形式生长在叶子的表面。

长期以来，石莼在东方一直被食用，无论是在沙拉中生吃，还是煮熟后食用，都备受欢迎。

石莼这种海藻不耐高盐度。因此，除了沿海潮间带，它在河水与海水的交汇处也可以生长。

用途

石莼是一种可食用的海藻，含有丰富的维生素和微量元素，在东方烹饪中备受欢迎，最近也被引入西方美食中。它还被用作化妆品中的保湿材料和再矿化制剂，并在工业中用于生产海藻酸盐和家禽饲料。在一些沿海地区，它还被用作农业肥料和去污剂，因为它具有从水中吸收硝酸盐的能力。

其他受欢迎的食用海藻，特别是在日本料理中，有海葡萄或绿色鱼子酱、用于制备味噌的裙带菜，以及用于寿司的紫菜。

索引